北京工业大学
北京林业大学
北方工业大学
河北工业大学
天津城建大学
河北建筑工程学院
河北农业大学

·联合编著·

中 国 城 市 规 划 学 会 学 术 成 果
通 州 区 张 家 湾 镇 萧 太 后 河 两 岸 城 市 设 计

京津冀

城乡规划专业京津冀高校
"X+1"联合毕业设计作品集

2017 BEIJING–TIANJIN–HEBEI UNIVERSITIES JOINT GRADUATION
PROJECT OF URBAN PLANNING & DESIGN

中国建筑工业出版社

U0323326

图书在版编目（CIP）数据

通州区张家湾镇萧太后河两岸城市设计：2017年城乡规划专业京津冀高校"X+1"联合毕业设计作品集/北京工业大学等编著. —北京：中国建筑工业出版社，2017.9

ISBN 978-7-112-21190-6

Ⅰ.①通…　Ⅱ.①北…　Ⅲ.①城市规划–建筑设计–作品集–中国–现代　Ⅳ.①TU984.2

中国版本图书馆CIP数据核字（2017）第216973号

责任编辑：杨　虹　周　觅
责任校对：焦　乐　党　蕾

通州区张家湾镇萧太后河两岸城市设计

——2017年城乡规划专业京津冀高校"X+1"联合毕业设计作品集

北京工业大学
北京林业大学
北方工业大学
河北工业大学　　　　联合编著
天津城建大学
河北建筑工程学院
河北农业大学
中国城市规划学会学术成果

*

中国建筑工业出版社出版、发行（北京海淀三里河路9号）
各地新华书店、建筑书店经销
北京嘉泰利德公司制版
北京利丰雅高长城印刷有限公司印刷

*

开本：880×1230毫米　1/16　印张：9¹/₂　字数：365千字
2017年9月第一版　　2017年9月第一次印刷
定价：**70.00**元
ISBN 978-7-112-21190-6
　　　　（30841）

目录 Contents

序言 1

　　今年 3 月，北京工业大学建规学院城乡规划系主任武凤文教授找我们，希望中国城市规划学会支持他们的一个教学活动，来自北京工业大学、北京林业大学、北方工业大学、河北工业大学、天津城建大学、河北建筑工程学院和河北农业大学的城乡规划专业发起倡议，计划从今年起，举办京津冀地区高校城乡规划专业联合毕业设计。学会参与联合毕业设计的教学活动已经有 5 年了，由学会提供学术支持，清华大学、同济大学、东南大学、天津大学、重庆大学、西安建筑科技大学六所院校每年一度的城乡规划专业"六校联合毕业设计"举办得红红火火，很受师生的欢迎，也在学界和业界形成了一定的影响力。武老师找我们恐怕与这个背景有很大关系。

　　我个人对这项工作有很大兴趣，源于从事规划设计、研究和参与规划教育工作的一些思考与体会，也得益于这几年自始至终地参加了"六校联合毕业设计"的主要环节，体会到联合毕业设计这种教学形式的魅力与潜力。然而，学会是否直接参与京津冀地区联合毕业设计，需要更加系统的研究。最终，我们还是决定在近两百项重大工作之外，将这项活动列入学会今年的工作计划。

　　与"六校联合毕业设计"的全国性不同，这个联合毕业设计只是一个地区性的活动。但这个地区不是一般的地区，北京、天津、河北拥有一亿多人口，土地面积超过 20 万平方公里，历史渊源深厚，文化一脉相通。以京津冀城市群建设为载体，提高城市群一体化水平，推进京津冀协同发展，已经上升到国家战略层面。如何发挥规划引领的作用，打破自家"一亩三分地"的思维定式，促进分工协作，是三地政府及规划主管部门的历史责任，也为三地高校的规划专业提供了非常好的实践教学机会。在境外知名高校纷至沓来，对我国三大城市群地区进行深入调查研究的时候，身在京津冀地区的七所高校走出校门，通过联合毕业设计的形式，加强协作与交流，显然是一项值得给予赞赏和支持的创举。

　　参与京津冀联合毕业设计的七所院校中，既有 211 重点学校，也有省部共建大学，还有省、直辖市属的地方高校；有综合性院校，也有建筑类院校，还有农学、林学等学科门类下举办的城乡规划专业；有通过了城乡规划专业评估的高校，也有规划专业相对比较年轻的高校。多元的办学背景，提供了多样化的教学计划，给联合毕业设计的组织带来一定难度，但也蕴含着更加丰富的特色，使得联合教学"分享交流、取长补短"的宗旨有可能得到充分发挥。事实上，源于地缘相近的七校组合，是我国当代城乡规划教育的一个缩影。

　　诞生于土木工程学与建筑学传统，城乡规划专业教育在我国已经走过了 80 多年历史，自从 2011 年城乡规划学取得一级学科地位之后，独立完整的城乡规划教学体系正处于进一步完善过程中，与此同时，理学、农学、林学、管理学等相关学科也纷纷创办城乡规划、城乡管理等专业，迄今为止，工学门类下有近 200 所大学设立了城乡规划专业，而上述这些相关学科新增加的专业，也基本接近这个数字。一个应对复杂性城市问题与挑战、多学科共治的局面已经初见端倪，城乡规划学正面临着学科升格之后又一次自我完善的契机与挑战，需要更多交叉融合的创新思路。而京津冀联合毕业设计或许可以在某种程度上充当起改革创新试验田的角色。

专业教育和学科建设是一项需要历史耐心的事，仅仅一年的联合毕业设计实践无法判断总体思路的成败。不过与七校老师关于联合教学方案的研究中有几个基本点是值得记录的：

一是，必须将专业教学置于地域发展大环境下，作为专业教育最后的环节，毕业设计是对本科教学的检阅，也是学生在走上职业岗位前最后一次系统的实践教学，确定一个恰当的选题，就变得十分重要。感谢北京市城市规划设计研究院施卫良院长（他本人也兼任中国城市规划学会副理事长）和他的同事们，今年选择了"北京通州张家湾镇萧太后河两岸城市设计"为题，这是一个以北京城市副中心规划、大运河遗产价值挖掘、张家湾片区城市更新等为主要背景的综合性话题，为不同背景的同学提供了发挥才智的宽广空间。这种专业教学与所在地专业实践紧密结合的方式，为专业教育的改革创新，提供了良好的制度环境。

二是，必须将毕业设计置于规划教学—规划编制—规划管理的大体系中，强化和深化同学们对于规划工作的理解，让他们明白，城市规划不只是规划设计的一个环节，还有政策研究、规划管理、规划督察等工作，也面临着不同的社会需求。因此，联合毕业设计采用了"学会＋高校＋所在地管理部门＋所在地规划院"的组合方式，邀请学会领导、北京市通州区规划管理部门负责人，以及北京市规划院领导和专家，担任中期交流与终期汇报点评专家。他们对于选题区域的理解，无疑给同学们提供了一个课堂教学无法实现的、更加真实的环境；另一方面，同学们"童言无忌"的创意，也可为当地规划院和规划管理部门提供值得借鉴的视角和思路。

三是，必须将人才培养置于跨学科交叉融合的大格局下。城镇化进入中后期，城市问题的复杂性与严峻性，使得"城市"早已经不只是工程领域或者科技人员的话题，已经进入党和国家最高决策层关注的领域，特别是中央城市工作会议的召开，为我国城市规划、建设、管理提出了系统的全新思路，城乡规划不再停留在盖房子、修马路的工程技术层面，更多的人文关怀，更多的社会经济和生态环境诉求，城乡规划成为治国理政重大战略的组成部分。与此相适应，对于城乡规划专业人才的需求，也不能停留在一种模式、一个学科，多学科、跨领域的知识协同生产与共享，成为当代中国城乡规划学发展的重要特征。城乡规划学离不开工学传统与基础，但在当今社会巨大的挑战下，墨守成规，仍然停留在工程技术层面，是难以担负起时代期望的。

在本书付梓之际，感谢为组织联合毕业设计作出努力的所有师生、同行，也期待这颗新苗能够绽放出绚丽的花朵。

国际城市与区域规划师学会副主席

中国城市规划学会常务副理事长兼秘书长

教授级高级城市规划师

序言 2

　　由北京工业大学主办、联合京津冀七所高校城乡规划专业共同开展的京津冀高校"X+1"联合毕业设计，是一次教学与实践相结合的有益尝试。这次活动由中国城市规划学会提供学术支持，北京市城市规划设计研究院提供技术支持，选题以北规院正在开展的通州副中心规划中的张家湾镇为切入点，北规院的规划师在选题策划、开题报告、中期汇报、最终答辩全过程参与技术指导与点评。这种多校多方的联合是规划行业与高校教育联合互促的积极探索，也推动了教与学、学与用的水平提升。

　　联合毕业设计取得了丰硕的成果，围绕通州区张家湾镇萧太后河两岸城市设计课题，各高校均完成了高水平、高质量的设计答辩和成果展示。学生作品对该地区的历史遗迹、文化风俗、生态要素、场地条件等均进行了较深入的分析和挖掘，并在街巷肌理、空间营造、建筑特色、绿化水系等方面进行了大胆的尝试和创新。如有的方案以现有河网为依托，通过水系和绿地系统的设计将地区不同功能进行联系，为传统院落和空间格局创造活力，形成多元、一体的特色空间；有的方案关注场地标高，采用地下、半地下等方式，在特色地区进行地上、地下一体化的综合开发利用；有的方案关注产业业态，尤其是旅游休闲产业，对地区的景点塑造和旅游线路进行了精心的安排；有的方案关注文化传承与再利用，通过对院落的重塑、建筑的设计等将老北京的传统风貌和地区特色进行了风情化的完美展示。这些作品创意纷呈、各有千秋，为该地区规划编制的实际工作提供了有意义的借鉴。

　　北规院与北工大建筑规划学院一直保持着友好合作关系，规划院不仅是学生的实习基地，还为课程教学和教师科研提供了相应支持；同时，北工大建规学院的科研实践也为规划院的工作提供了有力的技术支撑。这种合作还让学生更多地接触到实际的规划项目，了解到未来的职业方向，为向规划院培养、输送优秀人才奠定了基础。这次联合毕业设计将这种合作效应进一步扩大，让更多的学校分享了联合设计的教学成果，促进了各高校专业教育的协作与交流。

　　祝愿在今后的持续探索中，联合毕业设计越办越好，取得更多的收获，为京津冀协同发展和规划实践共同出谋划策，共享合作成果。

北京市城市规划设计研究院院长
中国城市规划学会副理事长
教授级高级城市规划师

前言

　　作品集是首届(2017年)城乡规划专业京津冀"X+1"联合毕业设计(以下简称"X+1"联合毕设)的结晶。本次"X+1"联合毕设,我们是2017年1月8日启动到2017年5月26日答辩,老师和同学们从陌生到熟悉到至交,从冬装到夏装,历时四个多月。

　　"X+1"联合毕业设计是我们几所高校酝酿已久的一次京津冀高校联盟毕业实践教学活动。本次"X+1"联合毕设由北京工业大学建筑与城市规划学院城乡规划系主任武凤文联合河北工业大学孔俊婷老师、北京林业大学李翅老师和于长明老师一起倡议,同时其他高校的领导、老师和同学们积极响应,为我们首届"X+1"联合毕设的圆满完成做了大量的工作。

　　"X+1"联合毕设是一种创新的合作,是"学会 + 企业 + 政府 + 高校"的"四位一体"的联合,是一种多赢形式。中国城市规划学会提供学术支持,北京市城市规划设计研究院提供技术支持,北京市城市规划委员会通州分局提供政府支持,"X+1"中的X是指参加高校的数量,采取自愿参加的模式,"1"是指1个学会学术支持、1个企业技术支持、1个政府机构支持等,也可以是1个国外高校,"1"是多个"1"的集合体。

　　本次"X+1"联合毕设是首次明确响应"京津冀协同发展"理念的高校教学联盟,以"服务学生、求同存异、包容互惠、长效协调"为宗旨,以"城乡双修,活力再塑"为主题,围绕北京城市副中心建设,选址具有千年古韵的通州区张家湾镇萧太后河两岸为设计场地,邀请来自京津冀地区七所高校的70余名师生代表参加。本次联合毕设共分为五个阶段:启动阶段、选题阶段、开题阶段、中期汇报、终期成果展示与汇报。

　　千言万语,汇成"感谢":感谢中国城市规划学会在近两百项重大工作之外,将我们首届城乡规划专业京津冀"X+1"联合毕业设计活动列入学会2017年的工作计划,搭建这样好的交流平台;感谢中国城市规划学会常务副理事长兼秘书长石楠的指导和关心,学会副秘书长耿宏兵在中期和终期答辩给予我们的宝贵建议;感谢中国城市规划学会副理事长、北京市城市规划设计研究院施卫良院长及规划院专家;感谢北京市规划委员会通州分局李伟副局长等领导;感谢兄弟院校专家给予我们的肯定和指导。感谢京津冀七所高校的师生齐心协力!感谢北京工业大学建筑与城市规划学院的领导和师生的鼎力支持!感谢北京工业大学建筑与城市规划学院城市设计研究所的所有师生付出的努力!

　　愿我们的联合毕设在中国城市规划学会组织和指导下越办越好,期待明年天津见!

北京工业大学建筑与城市规划学院城市设计研究所所长

教学任务书

1. 设计题目

北京市通州区张家湾镇萧太后河两岸城市设计

2. 基地概况

张家湾镇位于北京市通州区东南部，地处凉水河、萧太后河、玉带河三河汇合处。西北距通州新城中心 7.3 公里，北距首都国际机场 20 公里，是通往华北、东北和天津等地的交通要冲。镇域面积 105.8 平方公里，总人口约 5.7 万。历史上的张家湾始建于元代，因漕运而得名，曾是大运河北端重要的交通枢纽和物资集散中心。悠远的运河历史为张家湾积淀了深厚的文化底蕴，留下了大批人文特色资源以供挖掘。

项目用地位于张家湾镇西北，东临玉带河，南临凉水河，西临张采路，北靠太玉园小区，萧太后河从地块中部穿过，基地总面积为 78.9 公顷。基地现存的主要遗迹包括通运桥、张家湾古城墙、张家湾清真寺等。

3. 指导思想

3.1 紧扣"城乡修补、活力再塑"的设计理念，营造地域性城市特色空间。

3.2 重视"遵循历史原则"，注重地域文脉挖掘和场所精神再现，将传承与创新城市文化融入设计过程，妥善处理新旧建筑的保护与更新关系。

3.3 倡导"生态可持续原则"，重视对区域内外生态环境的保护和利用，协调兼顾经济效益、社会效益和环境效益，确保城乡可持续发展。

3.4 注重"综合全面原则"，不仅关注城镇空间形态设计，同时关注解决功能策划、土地利用、交通系统、环境景观等方面问题；注重与上位规划和其他专业规划的衔接，确保区域整体协调发展；尊重本地居民意愿，提升公众参与程度，努力为居民打造高满意度的特色小镇。

3.5 坚持"可实施性原则"，综合考虑区域内现有建筑质量状况、区域内外公共服务设施、市政基础设施和各级道路的配置和利用，结合该片区未来功能发展要求，提出空间整合及分期建设的途径，使规划设计具有高度的可操作性。

4. 成果内容要求

4.1 发展背景分析

4.2 上位规划分析

4.3 现状分析（包括现状自然地理条件、地形地貌、山水格局、历史格局演变、用地功能布局、路网格局、道路交通系统、建筑肌理、历史建筑和历史遗存、城市公共空间系统、城市绿地景观系统等）

4.4 设计理念分析

4.5 总平面图（比例自定）

4.6 各类设计分析（功能分区、交通流线、道路系统规划及交通设施规划、公共空间系统规划、绿地景观系统规划等）

4.7 重要节点总平面及空间形态设计

4.8 重要街道沿街或轴线空间形态指导性设计

4.9 方案实施的策略和措施

4.10 相关经济技术指标和设计说明

教学计划

时间	教学时长	教学内容	组织单位
1月8日	1天	启动会： （1）明确联合毕设活动宗旨与合作机制 （2）协商教学活动安排	北京工业大学
1月9日~3月2日	—	（1）征询并确定选题 （2）组建联合毕业设计团队 （3）学习准备与文献研阅	参设七校
3月3日	1天	开题会： 全员在京集合，参加联合毕业设计开题，主办方邀请北京市城市规划设计研究院专家介绍选题及设计要求	北京工业大学 北京市城市规划设计研究院
3月3日~4月13日 （第1~6周）	42天	（1）现场调研与前期分析：各校分头进行现场调研，并基于调研开展前期分析 （2）专题研究与初步设计：各校教师指导学生开展专题研究和方案初步设计	参设七校
4月14日 （第6周）	1天	中期评图： 各校师生在北京集中，主办方邀请专家评委对各校的初步设计方案进行点评	北京林业大学
4月15日~5月25日 （第6~12周）	40天	（1）补充调研：各校针对中期评图存在的问题，分头组织补充调研，为深化设计做准备 （2）深化设计：各校参考专家意见与补充调研成果，进行方案修改与深化设计	参设七校
5月26日 （第13周）	1天	（1）期末答辩：各校师生在京集中，主办方邀请专家评委对七校毕业设计成果进行评阅 （2）成果展示	北京工业大学

指导教师感言

学院领导寄语：首届城乡规划专业京津冀"X+1"联合毕业设计在中国城市规划学会的指导下圆满收官。我们北京工业大学建规学院的领导再次感谢中国城市规划学会在近两百项重大工作之外，将我们首届城乡规划专业京津冀"X+1"联合毕业设计活动列入学会 2017 年的工作计划，搭建这样好的交流平台，感谢中国城市规划学会、北京市城市规划设计研究院、北京市规划委员会通州分局及兄弟院校专家给予我们的肯定和指导。本次联合毕设是首次明确响应"京津冀协同发展"理念的高校教学联盟，选址为通州区张家湾镇萧太后河两岸，以"城乡双修，活力再塑"为主题，选题和主题都与当今的国家大形势紧密结合，有一定的前瞻性。我们的城乡规划专业还很年轻，这次联合毕设对于我们来说是一次挑战，感谢京津冀七所高校领导和师生们的积极配合和大力支持！感谢城乡规划系的毕业设计导师的辛勤付出！我们在工作中还有很多不足，希望各学校师生们多多包涵！我们会继续努力！

戴 俭 杨昌鸣 陈 喆
北京工业大学建筑与城市规划学院

首届城乡规划专业京津冀"X+1"联合毕业设计在中国城市规划学会指导下圆满收官，这是我们联合毕设的第一个果实，在我们七校师生的联合孕育下茁壮成长，作为本届联合毕设的组织者，我感慨万千："感恩、不舍、期待"。

感恩：感恩中国城市规划学会石楠常务副理事长兼秘书长对工作的指导和支持；感恩北京城市规划设计研究院施卫良院长一直以来对我工作的鼎力支持！感恩各位专家的鼓励和合理化建议！感恩学院领导戴俭院长、杨昌鸣书记、陈喆副院长给予我的工作空间及人、财、物等各方面的支持！感恩所有七校师生的努力付出！感恩我们学院所有老师辛苦付出！

不舍：我们优秀的学生毕业啦！和他们共同走过了联合毕设的每一步、每一天、每一张PPT、每一次汇报、每一次评图、每一……，但雏鹰终将翱翔，愿学生们在新的环境里展翅高飞，再展宏图！

期待：期待明年在天津，在中国城市规划学会的指导下，我们的联合毕设越来越好！

武凤文
北京工业大学建筑与城市规划学院

作为一名青年教师，我有幸参与了首届京津冀城乡规划专业"X+1"联合毕业设计活动，数月下来收获颇丰、感触良多。首先，就活动筹备而论，作为主办方一员，我有幸见证了联合毕业设计从想法到实现的全过程。京津冀联合毕业设计不仅为三地学生提供了施展才华的舞台，也为加强校际交流、共享教育资源搭建了合作平台。其次，就教学过程而论，七校联合的教学模式为初次指导毕业设计的我提供了学习与比较机会。在院系领导带领下，北工大教师团队指导学生进行了多轮方案讨论，就设计定位、方案构思等方面进行反复研究与斟酌，并最终顺利完成了设计任务。在此，向各位师生的悉心付出与不懈努力致以最崇高的敬意！万事开头难，相信经过这次不完美的"初练"，今后的联合毕业设计一定会越办越成功！

胡智超
北京工业大学建筑与城市规划学院

自 2017 年 1 月 8 日"霾过晴来"的启动会，到 2017 年 3 月 3 日"春暖花开"的开题活动，至 2017 年 5 月 26 日"骄阳似火"的期末答辩活动，2017 年度城乡规划专业京津冀高校"X+1"联合毕设活动从晚冬走到初夏，画上了圆满的句号。作为一名从实践阵地回归高校校园的教师，我很荣幸参与了活动的全程，在筹办、开展和教学工作中收获良多。此次联合毕业设计为各校提供了打破传统毕业教学、立意创新的优质教学平台和师生锻炼平台，提出了更高标准的教学要求。实景式、过程化的方式改变了传统单一学校的"教学相长"模式，形成了信息最大化的校际协同育人模式，使得老师和学生都受益匪浅。

齐 羚
北京工业大学建筑与城市规划学院

学生感言

马一帆涛：经过这次城乡规划专业京津冀联合毕设，我在专业的学习以及各方面能力上都有了很大进步。首先，通过这次联合毕设与各个学校的优秀师生交流经验，能看到自己的长处和不足，在竞争的环境下，在自己熟悉的方面更上一层楼，不足的方面今后要努力弥补。其次，在老师的指导下，能以更高的视角审视自己的作品，老师每一次的指导都能促进作品产生一次质的飞跃，一次一次的耐心修改，最后才能呈现出更加完美的作品。与同学伙伴的协调合作也是十分重要的，和同学一起进行前期调研、分析，交流不同的思路，不局限于自己的思维，才能让分析更加完善。同时，也锻炼了自己的组织能力、树立团体意识。最重要的是毕设是对自己大学五年所学知识的一个总结，对自己能力的一个检验，只有认真踏实做好每一件事，认识到自己的不足和长处，才能在未来的发展中看清方向。很感谢能有这次参与联合毕设的机会。

杜青春：一卷书来，十年萍散，人间事，本匆匆。昨日光阴悄然而逝，离开校园的我们即将开始新的征程，感慨万千。我们，作为为数不多的五年制专业，曾抱怨过五年太长。但当真正毕业的时候才发现，因为和你们在一起，这五年实在太短。这五年，我们收获的不只是盆满钵满的知识，还有那么多美好的回忆。那些年一起做过模型、刷过夜、画过图，那些年一起外出写生、南方实习，一起奋斗过，哭过、笑过，那些年一切的一切都是那么让人留恋。但毕业是一个结束，也是一个开始，大家的未来一定更加灿烂辉煌。最后，感谢这些年和我一起奋斗的同学们，祝愿你们前程似锦。未来，还需要我们来闯！感谢我的毕设导师武凤文老师，您丰富的文化底蕴深深影响了我们，您充满魅力的人格，教会了我们仁爱与付出，愿您青春永驻，快乐长存！感谢所有教过、帮助过我

的老师，一路有您们的教导，才使我们不会迷失方向；一路有您们的辛劳，才使我们茁壮成长，祝愿所有老师们健康如意！祝愿我们的母校北京工业大学越办越好！

王芃：经过一个学期的奋战，我的毕业设计——张家湾镇萧太后河两岸城市设计终于完成了。这一次的城市设计不仅是对大学五年来所学知识的一个梳理与检测，而且也是对自己设计能力的再提高。这次设计使我明白了自己所学的知识需要系统的梳理和消化，形成一套属于自己的城市设计知识网络，这是一个长期积累的过程，在以后的工作、生活中都应该不断地完善自己，努力积累知识提高综合素质。在此要感谢我的指导老师对我悉心的指导，以及在设计中给我的帮助。在设计过程中，老师不仅为我们准备课题，还经常在自己的闲暇之余对我们的设计进行指导。与老师一同进行城市设计所学到的思维模式与思考方式是这次毕业设计的最大收获和财富，使我终身受益。还要感谢与我一同参加这次城市设计的同学们。这次城市设计使我们的关系更为融洽，遇到困难时与同学一起努力解决，一些不懂的问题大家一起商量，同组的同学在讨论方案时的许多观点也让我开拓了思路，对方案有了更为透彻的理解。

释题与设计构思

释题

"张家水流北山头，十里洪身九曲洲"。坐落于京杭大运河北源头的张家湾镇因水而生、因粮而兴。近 800 年的漕运历史为张家湾积淀了深厚的人文底蕴，留下了诸如通运桥、佑民观、花枝巷、曹家井等一批极具文化价值的古建遗迹。水运文化和红学文化作为张家湾最富代表性的地域名片，已内化于其场所精神，同样也外显于其城镇风貌。城市设计作为把控城镇风貌的总抓手，对于彰显地域文脉、定格时空韵律具有不可替代的作用。基于此，在本次毕业设计中，我们重点关注如何通过城市设计将张湾古镇的地脉文脉融入城市物质形态之中，为当世人了解张湾、记住张湾提供一扇贯通古今的视窗。

设计伊始，首先需要解决的问题不在空间层面，而在功能层面。形态追随功能、功能呼应形态。城市设计不仅是对空间形态的重塑，更是对结构功能的再布局。要确定本地的核心功能，首先应对区域发展背景作准确梳理。从宏观层面看，国家对于特色小镇发展的重视及北京城市副中心建设步伐的推进为张家湾依托历史文化资源打造特色旅游小镇提供了政策契机；从微观层面看，北京环球影城主题乐园落户梨园所带来的人群吸引力为张家湾提供了可能的客源市场。基于此，顺接周边需求、培育特色体验式旅游成为了张家湾镇未来发展的主导方向。

明确发展方向之后，接下来便是对城市空间形态的思考与设计。基于实地调研与上位规划解读，我们将张家湾定位为集"旅游、文化、休闲、生态"于一身、面向不同层次人群的特色小镇，并依此开展旅游策划，制定了自下而上的城市更新改造模式。最后，我们提出了"红楼梦至，水漾张湾"和"水境张湾"两套设计方案，通过总平面设计、规划结构分析和重要节点设计等环节将最初的设计理念予以展示。

设计构思

方案一：红楼梦至，水漾张湾　　设计者：马一帆涛　王 芃　杜青春

张家湾镇位于北京市通州区东南部，紧靠通州城区，处于凉水河、萧太后河与玉带河三河汇合处。张家湾交通条件优越，文化沉淀深厚，但村内建筑大多于 1980 年代之后建设，无历史文化价值，部分建筑质量较差，私搭乱建现象较为严重；村内街道环境缺乏整治，局部较为脏乱，更无法体现当地丰富的文化内涵。所以，有必要对历史地段进行适当整治，改善城乡环境，突出漕运古镇历史与文化特色。

本次设计对项目的历史人文资料进行整理，深入分析现状资源条件与未来发展趋势，以红楼梦和张家湾水环境为主题要素，从文化、交通、经济、生态等方面进行研究，对现状问题提出解决方案。主要利用环球影城的优势资源带动，对张家湾地区的旅游进行策划。萧太后河南北两岸采用不同的规划原则，北岸进行历史复原、遗址保护、文化展示、功能更新，南岸拆迁居民、开发民宿，挖掘当地特色民俗文化，形成分别以"红楼文化"和"张湾文化"为主题的两条叙事旅游路线，打造完整的旅游体系，同时又能使南北两岸紧密联系。旅游结合文化、环境，交通规划通畅，整体结构合理，环境优美，具有当地特色，最终形成合理的规划。

方案二：水境张湾　　设计者：杜青春　马一帆涛　王 芃

本次设计以张家湾古城为对象，以"红学故里"、"漕运古镇"、"民俗胜地"三大特点为线索进行设计。在充分分析了历史沿革、区位优势、上位规划以及现状情况后，对其未来的定位进行了阐释——以文化旅游展示为主的北方特色水镇。在更新改造模式上，提出了自下而上的更新模式，改变原先由政府、开发商主导的城市更新模式，变为居民、政府、社会人士合作的更新方式。以网络众筹的方式募集资金、政府给予政策支持、当地居民自愿参股经营的资金循环模式。利用 GIS 分析，分析其内涝成因，提出新颖的解决方案——引水入城。在交通模式上，在不影响上位规划中所设计的城市次干路与支路的情况下，采用机动车 + 慢行 + 水运交通的特色交通模式，打造水镇特色。水运交通方面，充分利用地形高差，引水入城打造特色航运交通，分层级设立多个码头方便与环球影城水上交通无缝接驳。在产业方面，复原了历史老字号，改变其原有业态，打造明清特色商业街。活动策划上，以水上活动为主，打造水上公共空间，植入"水上剧院"、"水上表演"、"水上灯光秀"、"水上游览"等多类型水上活动类型。在旅游策划方面，详细分析了地块的旅游潜力及优势，调查了不远处环球国际影城的人流量，估算出张家湾镇未来的来往人群及数量，对整个地块的人群承载力进行初步设计，并策划了以环球影城加张家湾水镇为核心的水上四日游。在历史资源保护方面，设立张家湾博物馆、曹雪芹纪念馆、红学文化交流中心三个主要活动场所，复原曹家当铺、兵营衙署、粮仓旧址，保护提升现有文化场所——通运桥、清真寺等的价值。

方案一

背景分析

1. 项目背景

　　张家湾镇位于北京副中心通州城区东南5公里处，是通往华北、东北和天津等地的交通要道，总面积105.8平方公里，下辖57个行政村，5.7万口人，是一座具有千年历史的文化古镇。镇域内交通便利，北京六环、京沈高速公路、京津公路穿境而过。作为通州区运河文化产业带建设的重要景区，千年漕运史为张家湾积淀了丰富的文化内涵，众多的文物古迹和传奇典故形成了张家湾独特的文化氛围。1992年出土的曹雪芹墓葬刻石，《红楼梦》中描述的十里街、花之巷引发了一代文豪著述并长眠于此的激烈辩论。600年的古槐树，辽代、明代修建的古城墙和通运桥是古镇繁荣与沧桑的历史见证。明代千斤石码、运河古道遗址及漕运巨石等，更印证了 "北京城是漂来的城市" 的说法。

　　张家湾古城与六村棚改项目是近年北京副中心规划建设的重点项目，由北京市规划设计研究院进行规划设计。为聚焦京津冀最新发展动态和热点，并为北京副中心规划建设出谋划策，以此项目为背景研究范围，选取其中的局部地块开展本次京津冀联合毕设规划设计方案工作。

2. 政策利好

- **宏观层面——国家政策带来的机遇**

　　2016年7月20日，住房和城乡建设部等三部发布《关于开展特色小镇培育工作的通知》，决定在全国范围开展特色小镇培育工作，计划到2020年，培育1000个左右各具特色、富有活力的休闲旅游、商贸物流、现代制造、教育科技、传统文化、美丽宜居等特色小镇，引领带动全国小城镇建设。

　　2016年10月14日，住房和城乡建设部公布了第一批中国特色小镇名单，进入这份名单的小镇共有127个，在各地推荐的基础上，经专家复核，由国家发展改革委、财政部以及住房和城乡建设部共同认定得出。

- **中观层面——北京市政策带来的机遇**

　　住房和城乡建设部对外发布第一批中国特色小镇名单，包含全国127个镇，北京有三个：房山区长沟镇、昌平区小汤山镇、密云区古北口镇。作为新型城镇化建设发展的必经阶段，特色小镇在城市发展中起到越来越重要的作用。未来5年内，北京将加快特色小镇的建设步伐。

　　在《北京市 "十三五" 时期城乡一体化发展规划》发布会上，北京市委农工委书记、市农委主任孙文锴曾表示，在原有42个重点小城镇的基础上，"十三五" 期间要建设一批功能性特色小镇。目的是要促进农民就地城镇化，带动农民增收，带动农民就地就业。

- **微观层面——张家湾镇发展建设意向**

　　关于通州张家湾文化旅游板块的建设：该板块位于镇域中部偏西，紧邻环球影城。将以漕运古镇规划建设为依托，结合北运河、萧太后河、凉水河贯通通航、景观提升，挖掘区域运河文明、红学文化，谋划文化娱乐、旅游休闲、餐饮住宿、商业购物、交通服务等具体业态。

张家湾镇概况

位于北京市通州区东南，紧邻通州城区。
位于凉水河、萧太后河与玉带河三河汇合处。

交通：
通往华北、东北和天津等地的交通要道。
镇域内交通便利，北京六环、京沈高速公路、京津公路穿境而过。

文化：
一座具有千年历史的文化古镇。
文化特色突出，走进张家湾，将感受到古运河畔悠久的历史和深厚的文化内涵。

项目地块概况

本次项目位于张家湾镇西北。

东临玉带河，南面凉水河，西临张采路，北靠太玉园小区。
萧太后河从地块中部穿过。

上位规划

1. 通州区上位规划

■ **项目规划**

张家湾镇规划城镇建设用地指标全部集中于通州新城内：由于张家湾镇属于新城的组成部分，因此，规划将全镇规划城镇建设用地指标全部集中于新城，与通州新城规划息息相关。

■ **通州新城总体规划**
——通州新城规划(2005年-2020年)

● **一城、两轴、三点、四镇**

通州新城总体规划将城乡空间结构划分为一城、两轴、三点、四镇：

其中，三点（含张家湾镇）是指通州新城的重要组成部分，通州新城新增功能的重要区域和城乡一体化的重要节点。

● **一河两翼 南拓东进 组团发展**

一河两翼：通州新城以**运河**为魂，水绿相映，突出以运河为纽带的城市形象及文化内涵；新城旧城比翼互动、协同发展。

南拓东进：南部以通州外环路、**京塘公路**为界，东部以六环路为界，向外拓展，与亦庄新城、国际空港联动，形成新的发展空间。

组团发展：以六环路、京哈高速路、通州外环路及**京塘公路**为分界线，在空间上形成六大功能组团。

张家湾处于通州新城总体规划发展中的重要位置。

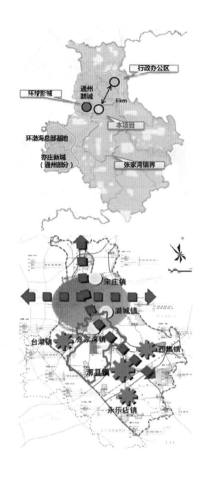

2. 街区上位规划

■ **通州新城1101街区控制性详细规划**
——【通州新城控制性详细规划(街区层面)】

● **用地**：本街区用地面积约348.68公顷，其中非建设用地122.7公顷。

● **人口**：居住人口控制在2.0万人以下。

● **建筑量**：总建筑面积约控制为170万平方米。

● **容积率**：住宅用地平均容积率1.6。

● **高度**：整体以18米为主，沿河局部高度为9米。

■ **红学渊源**

据学者考证，曹雪芹早年在张家湾生活的经历，成为《红楼梦》创作过程中的生活基础。

■ **红学走廊规划**
一城一廊，两带四区

以现状资源为依托，在凉水河两岸形成红学文化走廊，将凉水河、通惠河提升为滨水景观带。

以张家湾古城和长店老村为基础，重塑古城风貌，保护当地历史文化特色。

形成南北两个居住片区、一个以酒店、综合商业为主的综合服务配套区和以张家湾古城为核心的古城文化区。

通州新城控制性详细规划（街区层面）

3. 街区上位规划

■ **村庄改造策略与实施方案研究**
　　布局方案比选：从城市发展大局出发，结合村民意愿，综合考虑生态防护、场地自然条件、机场限高等因素，经过多轮协调确定最终方案。

■ **建筑界面控制**
· 应保证临六环、京哈高速一侧及沿河、重要道路两侧建筑界面的景观形象。
· 将重要建筑界面按风貌要求和高度分为三类，进行分类指导。

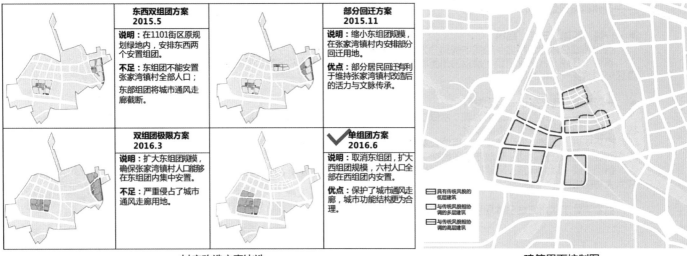

村庄改造方案比选　　　　　　　　　　　　　建筑界面控制图

4. 地块层面规划

红学文化走廊规划——环球影城萧太后河活力走廊的延伸

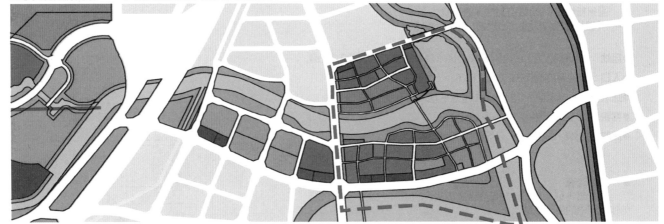

张湾古镇文化娱乐板块	长店古村综合服务板块
A1 古城遗迹展示	B1 游客综合服务
A2 运河文化展示	B2 民俗文化展示
A3 红楼文化展示	B3 民宿客栈餐饮
A4 特色主题商业	B4 特色商业、农产品展销
A5 大型实景演出	

张湾古镇文化娱乐板块

· 明清古镇生活场景复原，全面展示明清时期码头周边居民生产生活状况；

· 主题博物馆、主题游园、古城遗迹展示，系统呈现张家湾古城历史文化内涵。

长店古村综合服务板块

· 旅游功能与村民日常生活的有机结合，既引入一定的旅游和商业功能，又回迁部分居民，保持古村真实生活状态、保持村庄的活力，同时将商业开发与村民增收有机结合。

山水资源——三水绕城

张家湾位于通州区中部凉水河、萧太后河与玉带河三河汇合处，三水绕城，更有萧太后河从地块中部穿过，水资源得天独厚。

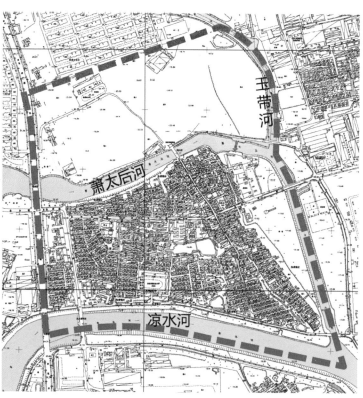

历史资源——漕运重镇

■ **历史沿革**

■ **张家湾城**

1564年，出于军事防御、保卫漕运安全的需要，建设张家湾城。

明嘉靖四十三年（1564年），皇帝命令内阁大学士徐阶等人在萧太后运粮河北岸筑张家湾城，当年完工。

其平面略成瓦刀形，南面、北面城墙较东面、西面宽。城池依河而建，东面、南面滨潞河及萧太后河，西面、北面环以城壕。

城内有漕运厅署、巡检署和合驿等衙署及粮仓。

清人绘制的张家湾城池示意图

古城复原模型（摄于张家湾博物馆）

以上内容引自：王南，胡介中，李璐珂，袁琳.北京古建筑地图（下）[M].北京：清华大学出版社，2012：152.

019

历史资源——漕运重镇

■　张家湾现存遗迹

遗迹名称	始建时间	文物保护级别	现状
张家湾古城墙	明代	市级	残存
通运桥	明代（1603年）	县级	完整
张家湾清真寺	明代	县级	完整

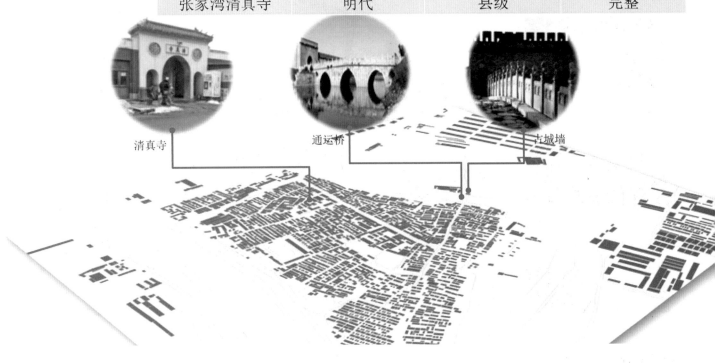

清真寺　　　　　　通运桥　　　　　　古城墙

人文资源——曹霑故居

■　**张家湾与曹雪芹**

　　据文献记载和专家考证，曹家在张家湾有典地600亩、当铺一所，曹家大坟也在张家湾。因曹家任职江宁织造，要通过大运河来往京城给皇家运送绸缎布匹等，为了方便，所以在张家湾设立当铺和购置典地。

　　曹雪芹年少时曾在张家湾生活过一段时间，对张家湾熟悉，并在《红楼梦》的部分章节中有所体现。

■　**张家湾历史肌理考证**

·　**花枝巷**

　　"花枝巷"在张家湾南门内西侧的第一条胡同，与南城墙平行，东西走向，约有300米。曹雪芹家的当铺就在此巷之内南侧，门脸面北，在古时，此巷两侧居住的都是些豪门富户。

·　**小花枝巷**

　　小花枝巷在花枝巷的腰部，向北有一条小胡同，直通西门内大道，是花枝巷唯一的一条分支胡同。

·　**曹家当铺**

　　在小花枝巷南端西侧，旧曾有一所院落，约有二十来间房，是小四合院。据说，这所院子最早是曹家当铺的住房。原来院门朝南向花枝巷。

·　**曹家井**

　　曹家院中东厢房的北间里，有一眼砖井，口小底大，约有10米深。此井用以储存食物，夏季镇凉，冬季抗冻。

　　这所院子的后面原是一片空地，曾是曹家的花园菜圃。

张家湾花枝巷　　　　　　花枝巷曹家井遗址，现已无存　　　　　　曹家当铺遗址（照片由城市所提供）　　　　张家湾出土的曹雪芹（曹公讳霑墓）

未来定位

■ 旅游人群定位与需求

· 按年龄划分

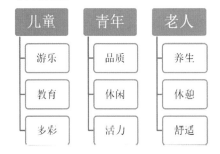

儿童	青年	老人
游乐	品质	养生
教育	休憩	休憩
多彩	活力	舒适

· 按人数划分

单人	双人	多人
停留	私密	共享
交流	优质	开阔
体验	休闲	娱乐

· 旅游类型综合定位

全国 环球影城 特色小镇游	京津冀 休闲度假游	北京 周末体验游	周边 闲时娱乐游

■ 未来形象

□ 旅游

核心经济吸引力，全面提高经济水平

□ 文化

塑造地域特色，延续历史文脉

□ 休闲

休闲娱乐居住一体化，增加空间互动性

□ 生态

增强环境品质，促进可持续发展

形象主题

■ 形象主题

■ 综合定位

特色旅游小镇，感受历史人文、体验漕运交通、休闲居住、生态观光

京 津 冀

2017 年城乡规划专业京津冀高校 "X+1" 联合毕业设计作品集
2017 BEIJING-TIANJIN-HEBEI UNIVERSITIES JOINT GRADUATION PROJECT OF URBAN PLANNING & DESIGN

城市设计总平面图

N

0 50 100   200m
比例尺

图例

① 旅游综合服务中心
② 酒店
③ 清真寺
④ 民宿
⑤ 农贸市场
⑥ 生态农业种植
⑦ 剧院
⑧ 生态公园
⑨ 特色餐饮
⑩ 古城遗风
⑪ 文化广场
⑫ 张家湾博物馆
⑬ 曹雪芹纪念馆
⑭ 明清生活展示
⑮ 休闲娱乐
⑯ 大观园掠影
⑰ 会馆
⑱ 仓储码头文化馆
⑲ 湿地公园
⑳ 社会停车场

功能分区规划图

N

休闲娱乐区
文化体验区
滨水景观区
特色餐饮区
旅游服务区
张湾民宿区
生态公园区
湿地公园区
生态农业区

0 50 100   200m
比例尺

休闲娱乐区：
茶室、船坊、会所、游园、游船

文化体验区：
明清建筑文化、红楼文化、曹雪芹文化、张家湾文化、仓储码头文化

滨水景观区：
绿化景观、亲水平台、健身步道、共享骑行、游船码头

旅游服务区：
入口景观、办公、旅游管理、旅游服务

张湾民宿区：
酒店、特色民宿、基础设施

特色餐饮区：
当地特色小吃、老字号品牌商业

生态农业区：
农贸市场、农产品种植

生态公园区：
绿化、滨水景观、游园

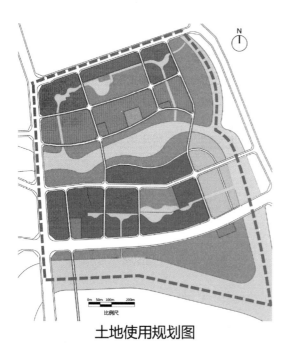

土地使用规划图

图例

E1 水域	A2 文化设施用地
E2 农林用地	A9 宗教设施用地
G1 公园绿地	B1 商业用地
G2 广场用地	S4 交通场站用地
B3 娱乐康体用地	- - - 规划范围

依据《城市用地分类与规划建设用地标准》GB 50137—2011

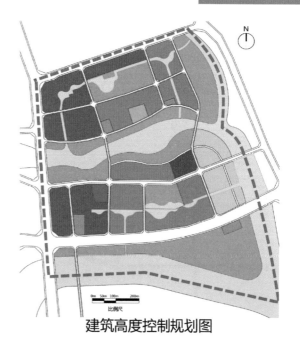

建筑高度控制规划图

图例

E1 水域	A9 宗教设施用地
E2 农林用地	建筑高度≤9米
G1 公园绿地	建筑高度≤18米
G2 广场用地	- - - 规划范围
S4 交通场站用地	

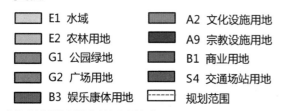

经济技术指标

项目	北片区
规划用地面积	19.48 公顷
建筑面积	125143 平方米
建筑密度	25%
容积率	0.6
绿地率	35%

项目	南片区
规划用地面积	19.94 公顷
建筑面积	169374 平方米
建筑密度	25%
容积率	0.8
绿地率	30%

项目	总体
规划用地面积	81.47 公顷
总建筑面积	294517 平方米

整体鸟瞰图

0 50 100　200m

比例尺

交通系统规划图

图例

 城市主干道

城市次干道

城市支路

停车场

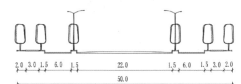

2.0 3.0 1.5 6.0 1.5 22.0 1.5 6.0 1.5 3.0 2.0

50.0

城市主干道 50m 道路断面图

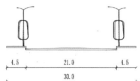

4.5 21.0 4.5

30.0

城市次干道 30m 道路断面图

3.0 14.0 3.0

20.0

城市次干道 20m 道路断面图

1.5 7.0 1.5

10.0

城市支路 10m 道路断面图

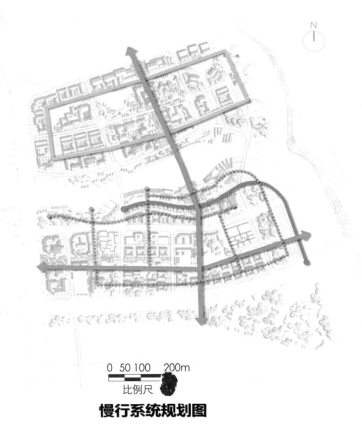

0 50 100　200m

比例尺

慢行系统规划图

图例

 主要步道

次要步道

人行支路

滨河骑行道路

　　人行车行分离，打造舒适安全的交通环境。根据现状道路、现有肌理、功能结构安排，布置出合理的慢行交通系统。

　　滨河规划一条骑行专用道，可构建共享自行车骑行方式，观赏滨水景观，环保健康。

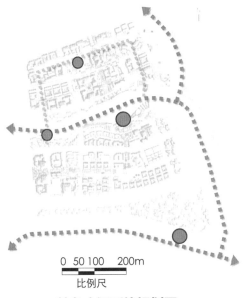

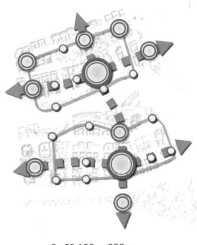

特色水运系统规划图

图例

- ┅┅ 河道
- ┅┅ 船行支路
- ⬭ 泊船码头

新增特色水上船行系统，凸显张湾特色。

"河面船只穿行，河岸行人如织，如同江南水乡。"

——明清笔记

规划结构：三轴 两环 多节点

线：一纵轴、两横轴

纵轴：贯穿南北两个地块，串联南北两面结构。
横轴：南北各一横轴，使整个地区有连贯的结合。

点：各层次节点结合呼应

主要节点：广场、主要建筑物
次要节点：轴线上重要景观点
小节点：小空间中的视觉焦点

面：整个结构铺成的面域，条理清晰

旅游路线规划图

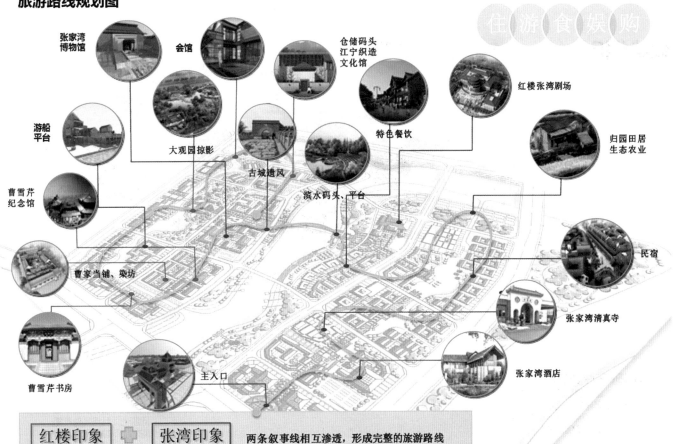

红楼印象 ✚ 张湾印象　两条叙事线相互渗透，形成完整的旅游路线

025

方案二

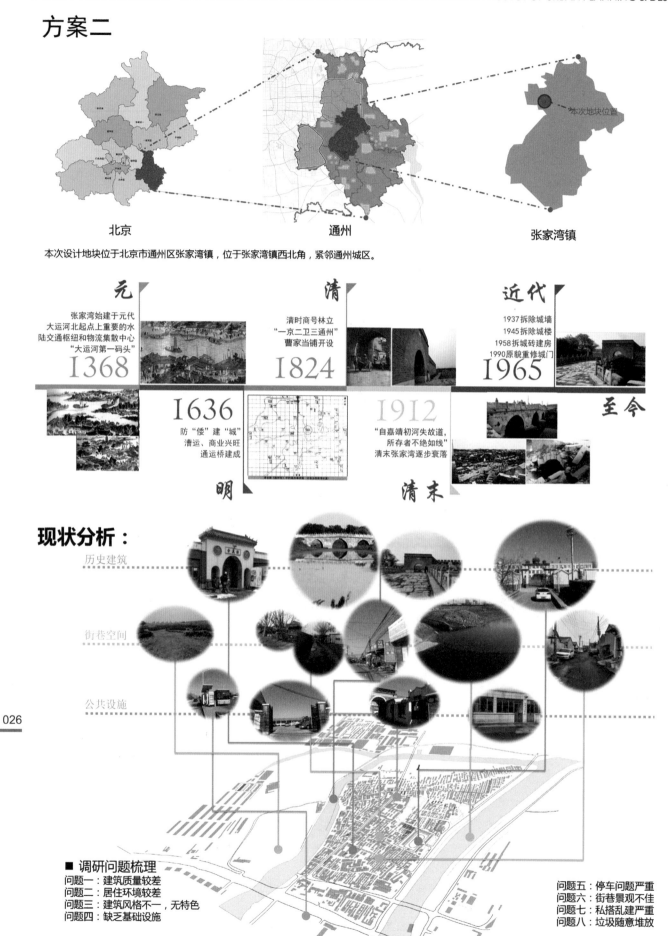

北京　　　　　　通州　　　　　　张家湾镇

本次设计地块位于北京市通州区张家湾镇，位于张家湾镇西北角，紧邻通州城区。

元
张家湾始建于元代
大运河北起点上重要的水
陆交通枢纽和物流集散中心
"大运河第一码头"
1368

清
清时商号林立
"一京二卫三通州"
曹家当铺开设
1824

近代
1937 拆除城墙
1945 拆除城楼
1958 拆除城砖建房
1990 原貌重修城门
1965

1636
防"倭"建"城"
漕运、商业兴旺
通运桥建成

明

1912
"自嘉靖初河失故道，
所存者不绝如线"
清末张家湾逐步衰落

清末

至今

现状分析：

历史建筑

街巷空间

公共设施

■ 调研问题梳理
问题一：建筑质量较差
问题二：居住环境较差
问题三：建筑风格不一，无特色
问题四：缺乏基础设施

问题五：停车问题严重
问题六：街巷景观不佳
问题七：私搭乱建严重
问题八：垃圾随意堆放

设计方案策划及构思

规划策略：

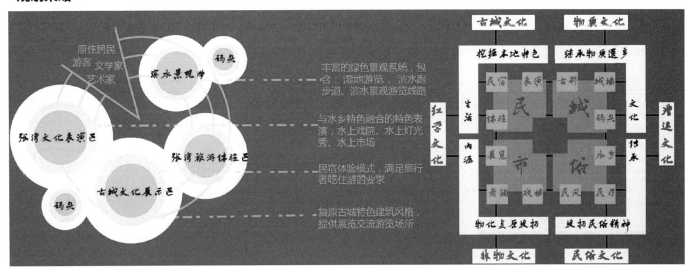

旅游策划

京 津 冀

2017 年城乡规划专业京津冀高校 "X+1" 联合毕业设计作品集
2017 BEIJING-TIANJIN-HEBEI UNIVERSITIES JOINT GRADUATION PROJECT OF URBAN PLANNING & DESIGN

理念导入 我们借鉴农村合作社的经营模式，让当地居民、原个体经营户以及吸引社会人士参与，联合成立合作社，创立集体经济形式。"自下而上" 在政府的引导下，自发更新，实现微改造。

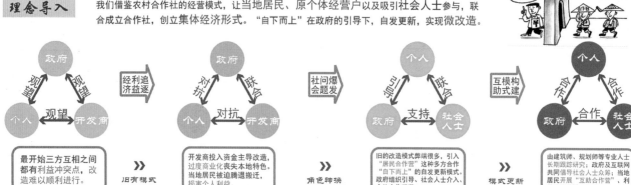

最开始三方互相之间都有利益冲突点，改造难以顺利进行。 旧有模式 >> 开发商投入资金主导改造，过度商业化丧失本地特色。当地居民被追腾退搬迁，损害个人利益。 角色转换 >> 旧的改造模式弊端很多，引入 "居民合作营" 这种多方合作 "自下而上" 的自发更新模式。政府组织引导、社会人士介入、个体合作经营。 模式更新 >> 由建筑师、规划师等专业人士长期跟踪研究；政府及互联网共同倡导社会人士众筹；当地居民开展 "互助合作营"、利益公平分配。

发展策略：自下而上的更新模式

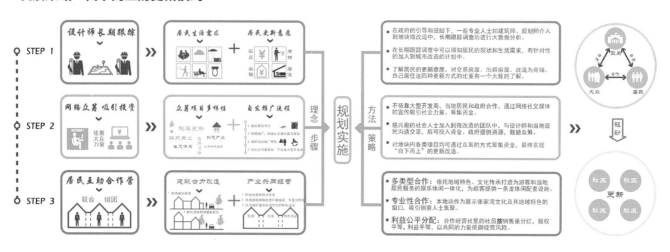

主题 水境张湾

关键词：
桥 水 船 码头 红楼

规划定位：
北侧区域定位：张家湾古城历史文化展示，红学生活文化广场，城市休闲娱乐公园
南侧区域定位：张家湾特色旅游示范区
滨水空间：生态滨水景观带

产业：
历史老字号：**曹家当铺 王记茶叶店 川广杂货店 潞河驿国宾馆、递铺、天圣斋、天成楼、二友轩、庆和成 山西会馆**
新兴产业：**特色民俗 水上市场 水上娱乐项目 游船码头观光 红楼剧院 特色农业体验（垂钓 河边烧烤 采摘 种植）**

建筑风格：
古代传统坡屋砖瓦**+现代**玻璃**+**钢铁

交通模式：
机动车**+**慢行**+水运交通——主打特色水运交通**

规划依据：
张家湾地势低洼，容易受洪涝灾害影响（见现状分析—内涝分析）不如借助地理优势引水入城，化劣势为优势，形成鲜明的特色，寻找新的发展模式。旧城建筑质量差，历史价值低，环境杂乱水患严重，另辟蹊径是为上策。

总平面图

1. 入口接待处
2. 入口雕塑广场
3. 戏院
4. 戏场
5. 戏楼
6. 码头
7. 中心广场
8. 民宿
9. 酒吧
10. 茶室
11. 停车场
12. 共享单车投放点
13. 清真寺
14. 商业街
15. 曹雪芹纪念馆
16. 张家湾博物馆
17. 粮仓旧址
18. 荷塘
19. 观景台
20. 文化交流中心
21. 商业街
22. 游客服务处
23. 咖啡厅
24. 中式亭廊
25. 水上灯光秀
26. 水上市场

比例尺

技术经济指标			
总用地面积	66.4 ha	居住	9.35 ha
总建筑面积	22.5 ha	文化娱乐	2.37 ha
容积率	0.76	商业	9.24 ha
平均层数	3层	办公服务	1.53 ha
绿化率	65%	停车位数量	3337个
人工水域面积	7.57 ha		

水境张湾

漕运古镇

民俗胜地 红学故里

设计方案展示

>>> 设计说明

商业街位于南地块，处于整个地块内主要轴线的核心部位。商业街被规划二路分隔开为两部分，北部为传统风格商业街，由历史老字号命名，如王记茶叶店、川广杂货店、潞河驿国宾馆、递铺、天圣斋、天成楼、二友轩、庆和成、山西会馆等，改变其原有功能迎合特色旅游区商业街的功能，覆盖餐饮娱乐到零售服务等商业形式。

>>> 商业街立面图 .... 平面放大图 <<<

天成楼服装店　　　天生斋书店　　　王记茶叶店　　　　川广纪念品店　　　山西会馆饭店　　　休闲茶室

设计方案展示

设计说明

设计说明

水上剧场位于基地南地块入口附近，主要由四部分组成。
- 第一部分 南侧的表演戏楼戏台（平面图序号3）
- 第二部分 西北方的桥上观戏楼（平面图序号5）
- 第三部分 水上乘游船观戏区域
- 第四部分 东北的滨水观戏区域（平面图序号4）

戏楼观戏、水上观戏、开放空间观戏，从封闭—半开敞—完全开敞的不同空间，多样的观戏区域给予了游客不一样的体验。

临水戏台　河道　观戏水域　桥上戏楼　观戏陆域

设计说明

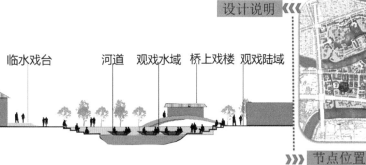

节点位置

节点效果图

水上戏院效果图

水上剧院意向图

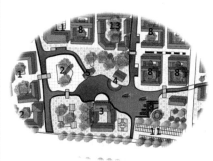

平面放大图

设计说明

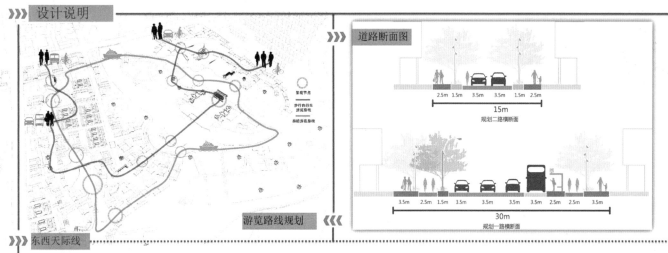

游览路线规划

道路断面图

2.5m 1.5m 3.5m 3.5m 1.5m 2.5m
15m
规划二路横断面

3.5m 2.5m 1.5m 3.5m 3.5m 3.5m 3.5m 2.5m 2.5m 3.5m
30m
规划一路横断面

东西天际线

南北天际线

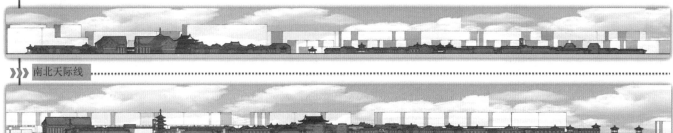

设计方案展示

水上灯光秀效果图

张家湾博物馆效果图

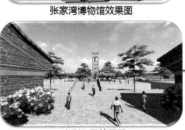

南侧入口效果图

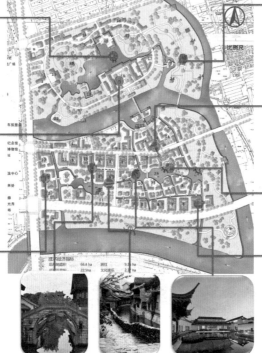

桥意向图　　水道意向图(一)　　水道意向图(二)

精品酒店意向图

水上活动意向图

商业街意向图

湿地意向图

曹雪芹纪念馆意向图

水上市场意向图

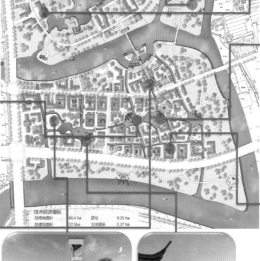

精品民宿意向图

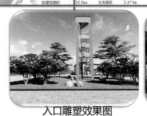

入口雕塑效果图

码头意向图

指导教师感言

本次联合毕设选址北京通州张家湾镇，题目颇具难度。场地内三条河流，有城墙遗址和古桥、清真寺及老街。周边还有环球影城和副中心等当前建设热点。如何在大事件下把握发展趋势和方向，又能关注本地文脉，回应场地的自然地理特征，可谓挑战重重。欣喜的是，参加联合毕设的学生踏实勤勉，最终克服困难，收获不小。作为参加指导的老师，和兄弟院校的老师们、同学们也建立起广泛联系；交流过程中收获颇丰，也建立了友谊。除了教学事务，在专业发展、行业资讯、招生就业等许多方面都进行了拓展交流。

第一届京津冀规划院校联合毕设业已结束。结束的事没有进行总结，也只能算是收获一半。这也促使我们回顾关于京津冀联合毕设的缘起。关于联合毕设的初步设想应该是发生在2015年成都召开的专业指导委员会年会上。北林规划系主任李翅老师和北京工大规划系主任武凤文老师提出京津冀规划院校间合作开展联合毕设的初步设想，并搭建了关于联合毕设的微信群，同时进群的还有河北工大和北方工大等院校的老师们，这应该是最早的合作构想。本次联合毕设真正开展则要归功于武凤文老师的动员能力和执行力。也是在她的联络下，本次毕设得到了专业机构的大力支持。作为本次联合毕设的指导教师，感谢本次联合毕设的主办方北京工业大学！此外，我校承担了本次联合毕设的中期答辩，能够顺利进行也需要感谢我们学院领导的支持和北林指导教师团队的付出，他们包括李雄副校长、王向荣院长、张敬书记、刘尧副书记、杨晓东副院长、李翅系主任、董晶晶、达婷、殷炜达、向岚麟、钱云、王静文等诸多老师。

同时，也要感谢参加联合毕设的各个高校同行！感谢北京市城市规划设计研究院和中国城市规划学会对本次联合毕设的鼎力支持！还要感谢我们参加联合毕设的同学们，你们的坚持不懈，让联合毕设更有意义！

希望未来联合毕设更加精彩！老师们能有更多的时间交流，同学们能够获得更加多元的收获！

殷炜达、刘祎绯、于长明、杨晓东、王向荣、刘尧、向岚麟、达婷、董晶晶
北京林业大学规划联合毕设指导教师团队

学生感言

崔佳慧：很荣幸能够代表北京林业大学参加京津冀首次规划专业联合毕设。这段时间，我们团队付出了很多努力，也收获颇多。相对于平常的个人设计作业，这次参赛，我锻炼了自身的团队合作能力，设计中力求将每个人的想法融合进同一个方案中，合理分工、协调配合。在联合答辩时，通过观看各个学校的汇报及成果展示，我开阔了视野，学习到很多新思路和思考问题的方式，也认识了许多新朋友。感谢主办方提供给我们一个相互交流学习及展示的平台，祝愿今后的京津冀规划专业联合毕设举办得更加成功。

许舒涵：漫长又短暂的联合毕设结束了我学生时代最后一次设计，由于是最后一次，对它的投入就好像在挖掘场地同时挖掘自己，梳理它的点滴信息的同时也在梳理着自己学习生涯，觉得世间万物都充满着故事，规划师也在成果推出时摇身变为讲故事的人，让应当留下的走得慢些，不成为历史，而成为风景。感谢北京工大提出这个"故事"的题目，让我们遇见时光里运河源头悠悠一小镇的喜怒哀乐，也把现实问题摆在我们面前，激励我们思考如何让这张湾之水既严肃又活泼。感谢专业又体贴的指导老师们，你们引领我们寻找问题的根本，却不限制我们自由的设计遐想；你们给出让人醍醐灌顶的建议，也轻描淡写两句卸下我们肩头的重压。最后，感谢我亲爱的战友们，我们一起纠结，一起开怀，一起熬夜冒痘，也一起吃牛肉火锅，携手为这故事打拼，然后这经历也变成了我们自己珍贵的一段故事。愿多年之后，最初的情怀，和那些个灯光下细细思索的认真、倔强、耿直，我们还未忘。

刘梦楚：五年的学习生活在联合毕业设计结束后画上了句号，作为在学校课程中最后一次的历练，感谢北京工大组织的联合毕业设计，提供给我们很多交流分享的机会，也让我在本科最后阶段有了一个新的提升。感谢规划系各位老师的倾力相助，不断地鞭策、鼓励着我们一步步深化，一点点更了解张家湾这块充满历史与人文的水土。最后，感谢在一起共同奋斗过可爱又优秀的搭档们，一起熬过夜的友情弥足珍贵，一起努力过的情景历历在目，是你们让我感受到拧成一股绳的荣誉感。愿我们不忘这段经历，仍保持着敬畏之心去理解脚下的城市，向历史、向文化学习，愿我们仍向对待这次的毕业设计一样，怀抱感情对待今后的每一次设计，做有血有肉有情怀的规划师。

段思嘉：我认为，每一次经历都是生活给予的宝贵经验，是成长的必然。这次参加的联合毕设也不例外。我明白任何好的设计取得都建立在充分的准备之上，要详细调研，多查资料，多听取他人的建议，反复推敲方案。在参与联合毕设的过程中，我发现了自己的不足，借鉴到他人的经验，这使我在专业学习方面更加努力。正视自己的不足，让方案表现得更好；也学会欣赏他人，学习他人的长处。这次联合毕设，让我感悟出四个字——愈挫愈勇。无论方案被否定过多少次，都要坚持下去，不能失去信心。我还告诉自己：不要被自我感觉所蒙蔽，永远还有许多要学习的地方，要多多努力，尽量多的抓住机会，提高自己的能力，从每一件事中找到进步的目标，让自己变得越来越优秀。

张瑞雪：此次很荣幸被选中代表北京林业大学城市规划专业参加"2017 年京津冀'X+1'规划专业联合毕业设计"，这也是第一届京津冀联合毕设，在这个过程中，认识了好多朋友，也学习到了很多知识。在近三个月的联合毕业设计中，我很感谢城市规划教研室的老师们对我们的方案进行悉心的指导，感谢毕设小组的队友们的鼓励，从队友的身上我学到了很多。这次联合毕设，收获颇丰。不仅仅是专业知识的提升，还有大家集思广益时，我在设计观念方面拓宽的视野，同时也培养了我独立思考的能力，树立了对自己的信心，相信会对今后的学习生活有非常重要的影响。虽然这次联合设计已经结束了，但是在设计过程中所学到的东西是这次毕业设计的最大收获和财富，会使我终身受益。

释题与设计构思

释题

　　本次联合毕设选址北京通州张家湾镇，题目颇具难度。场地内三条河流，有城墙遗址和古桥、清真寺及老街。周边又有环球影城和副中心等当前建设热点。如何在大事件下把握发展趋势和方向，又能关注本地文脉，回应场地的自然地理特征？可谓挑战重重。

　　挑战一：水患。岛上簸箕形的地势，决定了大雨洪涝是潜在的威胁，加之周边河流可能的倒灌，可谓雪上加霜。

　　挑战二：文断。张家湾地区曾经具有繁华的运河商业文化底蕴。漕运的兴起带来人文的繁盛，历史上有大量文人骚客在此留下诗歌文章，特别是曹雪芹与张家湾的种种纠葛，让这里与红学也结下了不解之缘。但是，随着运河改线，繁华不在，历史也深埋地下，地上仅有残垣、石桥零星标记着曾经的轮廓。

　　挑战三：全球文化，局部渗透。历史上，张家湾是京杭大运河上的漕运重镇。自南方而来的漕粮、货物、旅客都要运至张家湾，然后转陆运送往京师。张家湾是首都货运门户，运河文化缩影。然全球时代来临，具有全球影响力的环球影城紧邻其西侧。好莱坞大片、宝莱坞歌舞，这种冲击可谓不小，是顺应潮流？还是随波逐流？是逆势而为？还是相得益彰？

　　挑战四：首都职能 or 副中心组成部分。在北京进行规划项目，需要具有更宏观的视野。副中心的出现是为了配合首都职能的更好发挥。张家湾地处通州，作为副中心的组成部分应该是毫无疑问的。但在副中心的定位和职责中扮演怎样的角色？仍需准确把脉。

　　是危也是机，定位很关键。在比较中才能更清晰地认识自己。回应全球文化的最好办法是与之区分，即地方化。这种生于斯、长于斯的抉择，也是回应全球化的一种方法，也可以看作一体两面，是为更高质量的全球化做准备。回顾过去，不忘初心，方得始终。

　　因而，找出最兴盛时的模样，做衣装；

　　产业根植当地需求，服务大事件，练内功；

　　顺应时代潮流，由水而起，因水而复兴，执宝剑；

　　发挥区位优势，建设首都副中心生态南大门，展风姿；

　　正所谓"古镇梦旅今朝续，还水还绿还河清"。

设计构思

方案题目：悠悠乐土，盎盎新湾　　　设计者：崔佳慧　许舒涵　刘梦楚　段思嘉　张瑞雪

　　本次设计以历史变迁中的张家湾古城为对象展开研究，总结了"文化之失"、"运河之变"、"环境之衰"这三个影响古城现今发展的窘境，遂抛出问题：繁华落尽、唯余残根，张家湾应在未来扮演怎样的角色？结合其区位优势及上位规划对其的发展定位，张家湾是北京东部繁华之地的底蕴所在，未来市副中心的生态南大门、通州环球影城的旅游辐射点、北运河古镇群的源头之明珠。因此本设计以"古镇梦旅今朝续，还水还绿还河清"为主题，以"文化"和"生态"两方面为设计重点，在复兴运河文化方面，展开一场与历史文化的"穿越式"对话：上半城红楼与运河文化体验片区、下半城还原明清时代的生活场景、创造时代"扮演"体验。同时，着重治理场地生态，"开源节流"、"外部护水，内部治水"，解决洪涝灾害泛滥、场地绿化不足等现状问题，构建水循环体系。方案使用GIS对自然地形以及汇水线进行分析，确定了场地内部的引水河道，以河道串联整个场地的五大主题片区——红楼一梦片区、漕运故督片区、知味市井片区、遗世民风片区、归园田居片区，构建体验系统，打造滨水活动体系，注入新型产业，意在焕发场地活力，呈悠然之趣味，盎然之生机。

　　随后，对五大主题片区进行详细设计。遗世民风片区，整理民俗文化信息、构建记忆系统、激发水边活力、植入时代元素、打造"穿越型"体验；归园田居片区，解决场地现有高差问题、营造丰富的高度空间、构建雨水收集净化系统、打造"归园田居"的农耕体验区；知味市井片区，梳理整合现状肌理、加强市井生活活力点、再现清真风貌、打造多变的滨水空间；将红楼一梦片区和漕运故督片区联合设计，打造追忆历史文化游线：复原曹家大院、花枝巷、兵营衙署和漕运码头等场景，还原明清风貌。

悠悠乐土，益益新湾　——通州区张家湾镇萧太后河两岸城市设计　北京林业大学园林学院
LA LA LAND OF XiaoTaiHou Riverside in TongZhou

规划背景　BACKGROUND

■ 历史沿革

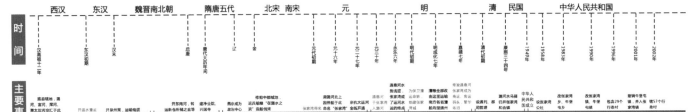

■ 现状解读

古树　→　营造交往空间
保护不当，数量锐减

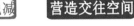
废弃物　→　垃圾回收处理
未有效处理，环境差

公厕　→
个别为旱厕　完善服务设施

文保建筑　→
历史文化建筑衰落　重新焕发活力
现状环境衰败

现状文化缺失

■ 现状照片

恋恋乐土，盈盈新湾

—— 通州区张家湾镇萧太后河两岸城市设计 北京林业大学园林学院

LA LA LAND OF XIAOTAIHOU RIVERSIDE IN TONGZHOU

■ 现状建筑情况

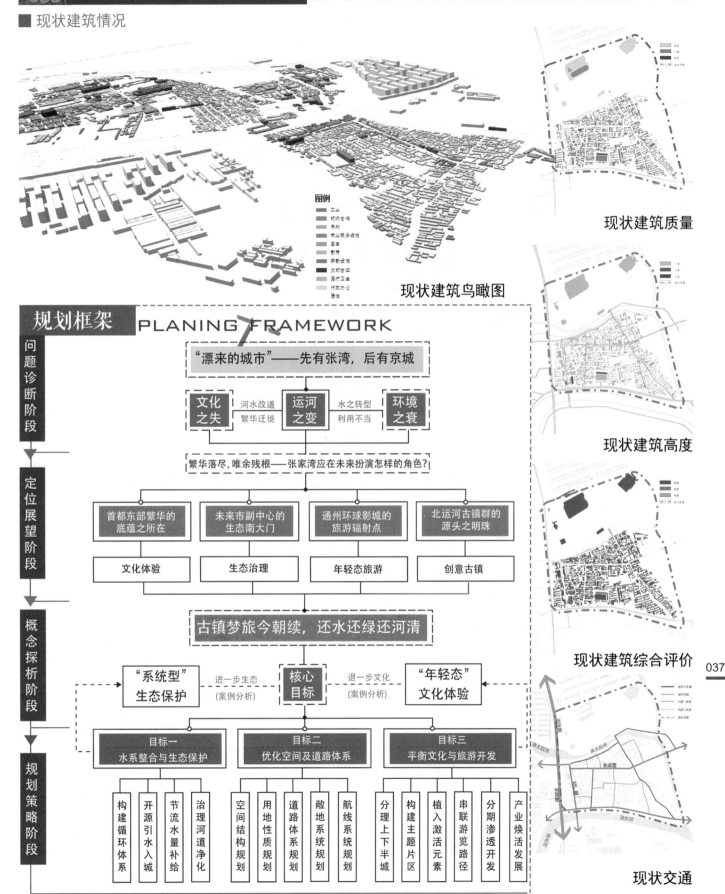

现状建筑鸟瞰图

现状建筑质量

现状建筑高度

现状建筑综合评价

现状交通

037

京 津 冀

2017 年城乡规划专业京津冀高校 "X+1" 联合毕业设计作品集
2017 BEIJING-TIANJIN-HEBEI UNIVERSITIES JOINT GRADUATION PROJECT OF URBAN PLANNING & DESIGN

悠悠乐土，盎盎新湾 ——通州区张家湾镇萧太后河两岸城市设计 北京林业大学园林学院
LA LA LAND OF XiaoTaiHou Riverside in TongZhou

定位展望 POSITIONING & PROSPECT

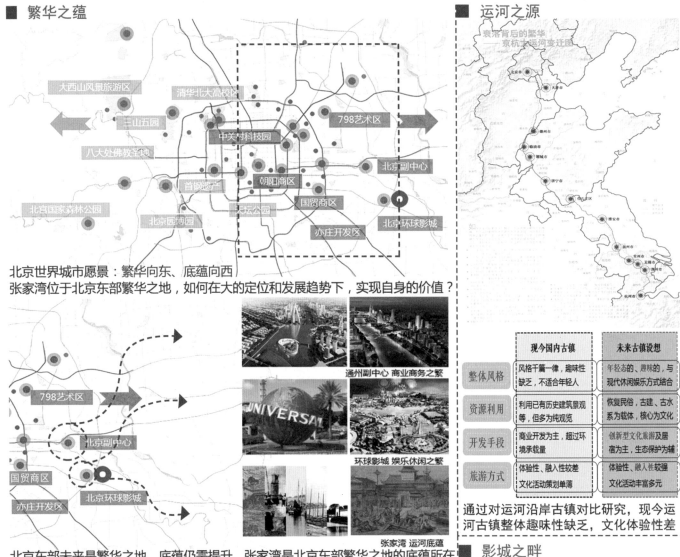

■ 繁华之蕴

北京世界城市愿景：繁华向东、底蕴向西
张家湾位于北京东部繁华之地，如何在大的定位和发展趋势下，实现自身的价值？

通州副中心 商业商务之繁

环球影城 娱乐休闲之繁

张家湾 运河底蕴

北京东部未来是繁华之地，底蕴仍需提升，张家湾是北京东部繁华之地的底蕴所在

■ 运河之源

衰落背后的繁华
京杭古运河变迁图

	现今国内古镇	未来古镇设想
整体风格	风格千篇一律，趣味性缺乏，不适合年轻人	年轻态的、趣味的，与现代休闲娱乐方式结合
资源利用	利用已有历史建筑景观等，但多为纯观览	恢复民俗，古建、古水系为载体，核心为文化
开发手段	商业开发为主，超过环境承载量	创新型文化旅游及居宿为主，生态保护为辅
旅游方式	体验性、融入性较差文化活动策划单薄	体验性、融入性较强文化活动丰富多元

通过对运河沿岸古镇对比研究，现今运河古镇整体趣味性缺乏，文化体验性差

■ 影城之畔

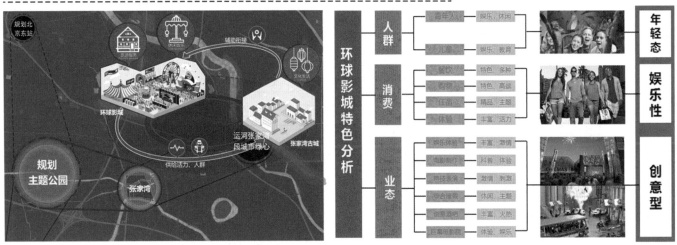

环球影城的开发会为张家湾带来多类人群与产业，从而带动张家湾的发展。
——带来年轻、娱乐、休闲之氛 ——带来东方文明展示窗口之机

——通州区张家湾镇萧太后河两岸城市设计 北京林业大学园林学院

LA LA LAND OF XiaoTaiHou Riverside in TongZhou

■ 生态之门

张家湾位于通州新城的南端，行政办公区轴线的末端，与新城外侧的绿色农业区衔接，通州新城南大门

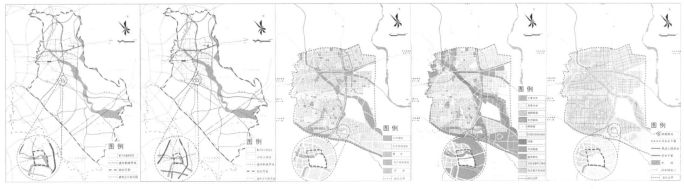

根据通州区上位规划解读：张家湾位于生态空间网络结构的重要节点上，要重视生态，保护水源，发展生态，调控雨水

生态策略
BIONOMIC STRATEGY

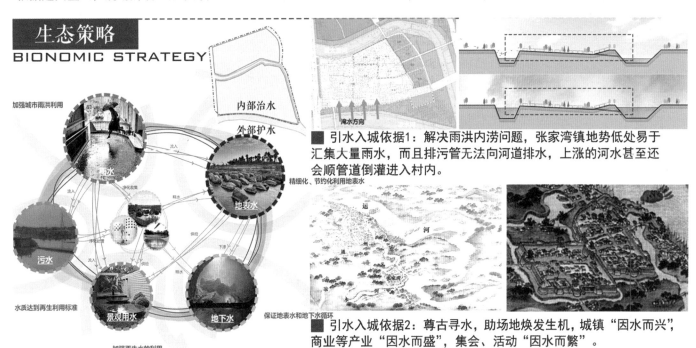

■ 引水入城依据1：解决雨洪内涝问题，张家湾镇地势低处易于汇集大量雨水，而且排污管无法向河道排水，上涨的河水甚至还会顺管道倒灌进入村内。

■ 引水入城依据2：尊古寻水，助场地焕发生机，城镇"因水而兴"，商业等产业"因水而盛"，集会、活动"因水而繁"。

039

悠悠乐土，益益新湾 ——通州区张家湾镇萧太后河两岸城市设计 北京林业大学园林学院
LA LA LAND of XiaoTaiHou Riverside in TongZhou

■ 引水入城过程 引水入城过程——利用GIS对场地数据进行分析，得到场地的地形和汇水线，得到如下结果：

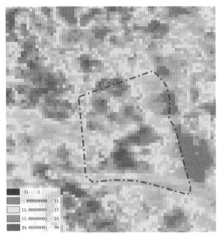

利用GIS对场地数据进行分析，得到场地的地形地块：中部略高，四周低。

将场地肌理导入，明确具体的地势变化。

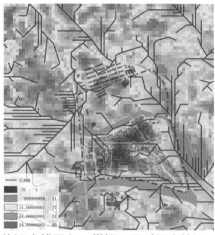

将汇水线导入，掌握下雨时雨水的汇集方向。

第一层级：地块内本身低洼水塘以及上位规划提出将要建设湿地的地区；

第二层级：利用河道将第一层级、汇水区和低洼区串联起来；

第三层级：在地势较高处设置季节性水渠，作为雨季时的蓄水河道。

根据GIS图的叠加，绘制分析图作为引水方向的依据,将得到的地形汇水分析图作为底图，把场地划分为三个层级。

将上述步骤绘制成图，结合空间和功能的考虑，对水系进行调整，最终形成引水入城的方案。

悠悠乐土，益益新湾

——通州区张家湾镇萧太后河两岸城市设计 北京林业大学园林学院

LA LA LAND OF XIAOTAIHOU RIVERSIDE IN TONGZHOU

■ "节流"与"治理"

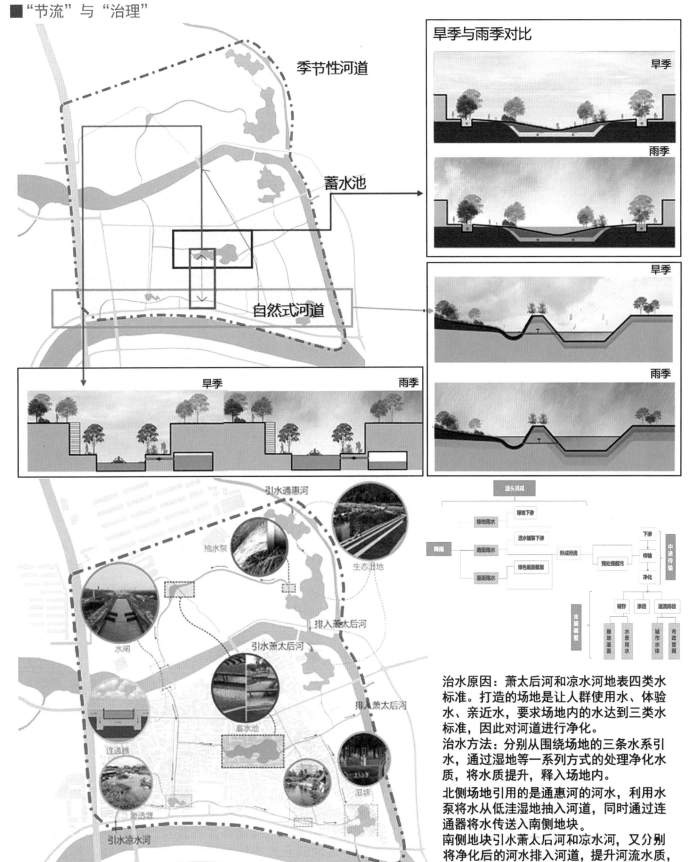

季节性河道

蓄水池

自然式河道

旱季与雨季对比

旱季
雨季

引水通惠河

生态湿地

抽水泵

排入萧太后河

引水萧太后河

水闸

排入萧太后河

蓄水池

连通器

湿塘

引水凉水河

排入凉水河

041

治水原因：萧太后河和凉水河地表四类水标准。打造的场地是让人群使用水、体验水、亲近水，要求场地内的水达到三类水标准，因此对河道进行净化。

治水方法：分别从围绕场地的三条水系引水，通过湿地等一系列方式的处理净化水质，将水质提升，释入场地内。

北侧场地引用的是通惠河的河水，利用水泵将水从低洼湿地抽入河道，同时通过连通器将水传送入南侧地块。

南侧地块引水萧太后河和凉水河，又分别将净化后的河水排入河道，提升河流水质，即完成了"场外护水，场内治水"这一目标。

悠悠乐土，盎盎新湾　——通州区张家湾镇萧太后河两岸城市设计 北京林业大学园林学院
LA LA LAND of XiaoTaiHou Riverside in TongZhou

总平面图

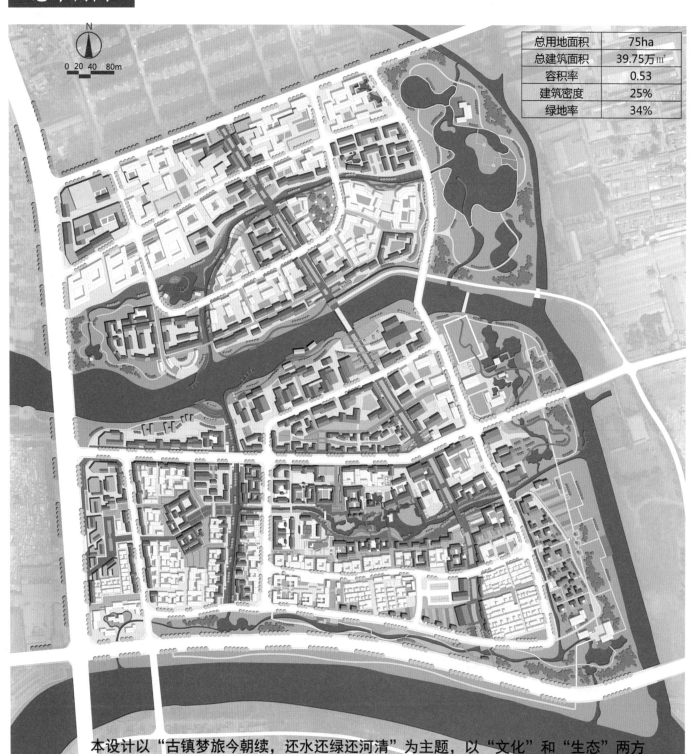

总用地面积	75ha
总建筑面积	39.75万㎡
容积率	0.53
建筑密度	25%
绿地率	34%

　　本设计以"古镇梦旅今朝续，还水还绿还河清"为主题，以"文化"和"生态"两方面为设计重点，在复兴运河文化，打造片区"穿越式"文化体验的同时，着重治理场地生态，"外部护水，内部治水"，解决洪涝灾害泛滥、场地绿化不足等现状问题。方案通过自然地形分析得出适宜性后，以河道串联整个场地的五大主题片区，构建体验系统，打造滨水活动体系，注入新型产业，意在焕发场地活力，呈悠然之趣味，盎然之生机。

恳恳乐土，益益新湾

——通州区张家湾镇萧太后河两岸城市设计 北京林业大学园林学院

LA LA LAND OF XiaoTaiHou Riverside in TongZhou

文化策略

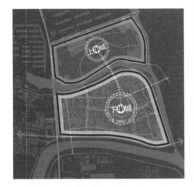

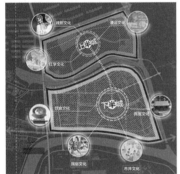

STEP1
延续古代
"北城南市"的差异，
分理上下半城，
营造不同文化氛围

STEP2
五大主题文化风情
五个核心"细胞"
以水串联，围绕中心
连续多元的穿越式体验

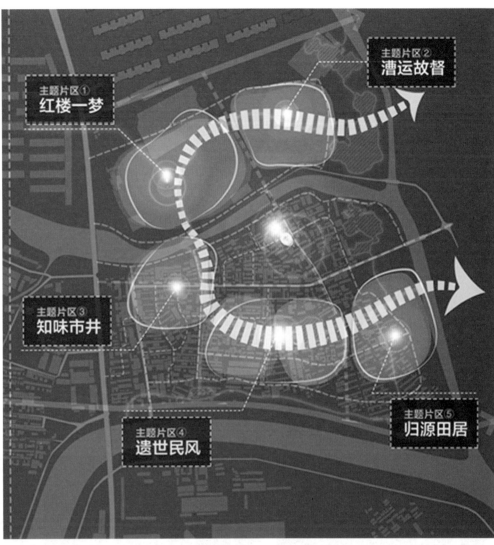

主题片区① 红楼一梦
主题片区② 漕运故督
主题片区③ 知味市井
主题片区④ 遗世民风
主题片区⑤ 归源田居

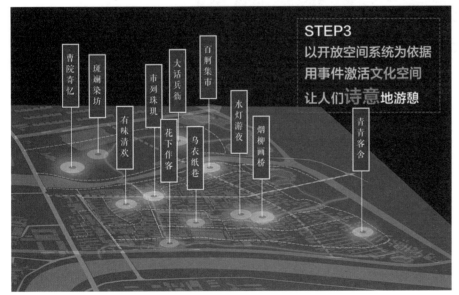

曹院奇忆 斑斓染坊 有味清欢 市列珠玑 大话兵街 花下作客 乌衣纸巷 百舸集市 水灯游夜 烟柳画桥 青青客舍

STEP3
以开放空间系统为依据
用事件激活文化空间
让人们诗意地游憩

STEP4
串联重要节点
打造

游览路线与公共空间的关系

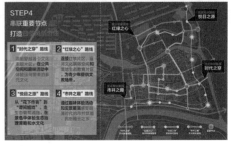

STEP4
串联重要节点
打造

悠悠乐土，盈盈新湾 ——通州区张家湾镇萧太后河两岸城市设计　北京林业大学园林学院
LA LA LAND OF XiaoTaiHou RIVERSIDE IN TongZhou

空间分析

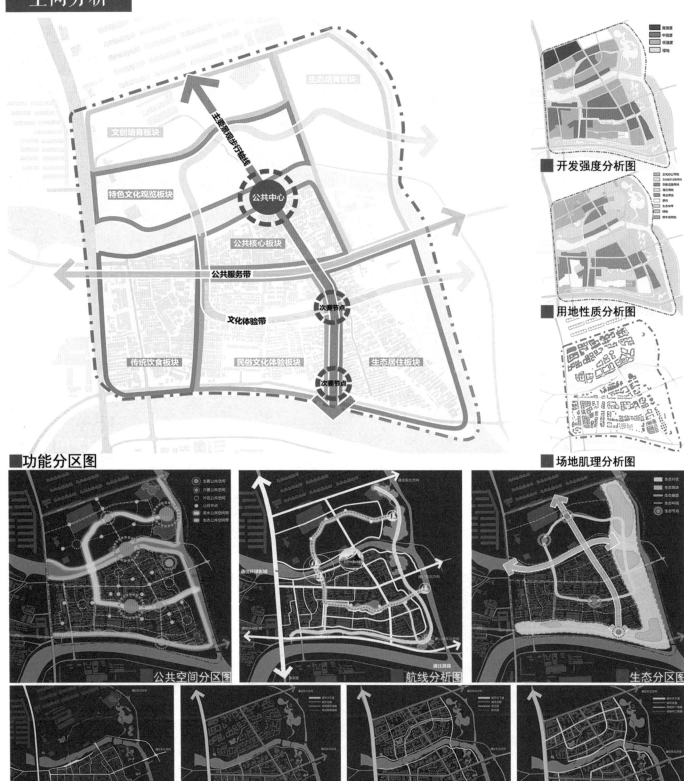

开发强度分析图

用地性质分析图

场地肌理分析图

功能分区图

公共空间分区图

航线分析图

生态分区图

场地现状道路

场地道路肌理图

场地水系与道路分析图

交通分析图

恋恋乐土，盈盈新湾
——通州区张家湾镇萧太后河两岸城市设计 北京林业大学园林学院
LA LA LAND OF XIAOTAIHOU RIVERSIDE IN TONGZHOU

驳岸分析

■ 驳岸分布图

■ 驳岸意向图

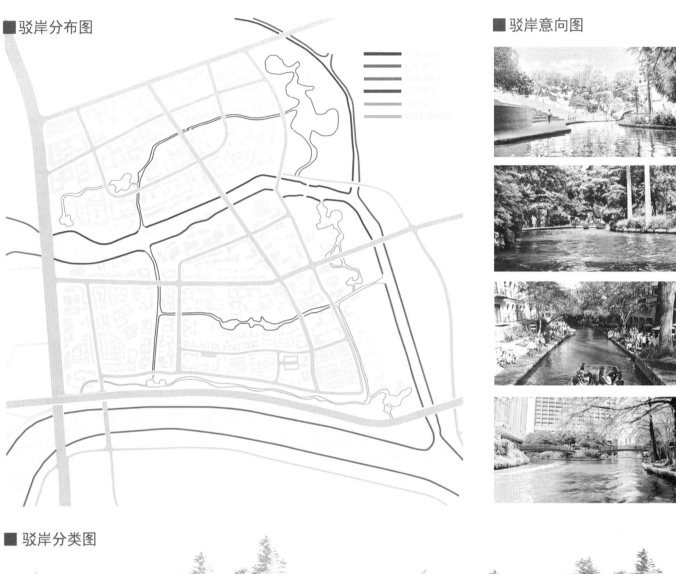

■ 驳岸分类图

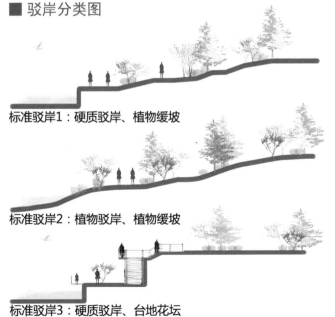

标准驳岸1：硬质驳岸、植物缓坡

标准驳岸2：植物驳岸、植物缓坡

标准驳岸3：硬质驳岸、台地花坛

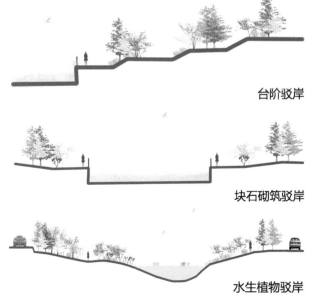

台阶驳岸

块石砌筑驳岸

水生植物驳岸

恋恋乐土，盈盈新湾　——通州区张家湾镇萧太后河两岸城市设计 北京林业大学园林学院
LA LA LAND OF XIAOTAIHOU RIVERSIDE IN TONGZHOU

■ 鸟瞰图

恋恋乐土，盈盈新湾
——通州区张家湾镇萧太后河两岸城市设计 北京林业大学园林学院
LA LA LAND OF XiaoTaiHou Riverside in TongZhou

恋恋乐土，盈盈新湾 ——通州区张家湾镇萧太后河两岸城市设计　北京林业大学园林学院
LA LA LAND OF XiaoTaiHou Riverside in TongZhou

■ 上半城设计平面图

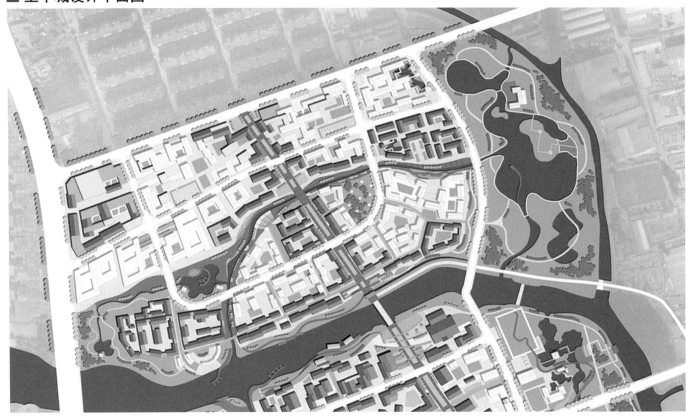

■ 文化设计策略

　　上半城的节点设计既要考虑延续传统古城的街巷肌理，又要考虑注入现代元素以呼应地块周边环境条件。

场地风格 + 活动形式 + 文化特色

新中式建筑 + 传统建筑格局 + 绿色生态环境

参与式学习 + 游览式布局 + 体验式活动

现代艺术 + 漕运文化 + 红楼文化

创意式
文化体验地

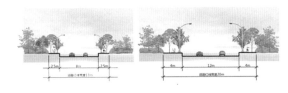

■ 道路断面图

■ 设计分析图

结构分析图

功能分区图

人流分析图

游线分析图

交通分析图

空间分析图

景观分析图

灯光分析图

悠悠乐土，盎盎新湾

■ 上半城设计效果图

隐隐乐土，盈盈新湾　——通州区张家湾镇萧太后河两岸城市设计　北京林业大学园林学院
LA LA LAND OF XIAOTAIHOU RIVERSIDE IN TONGZHOU

上半城片区

■ 湿地道路分析图

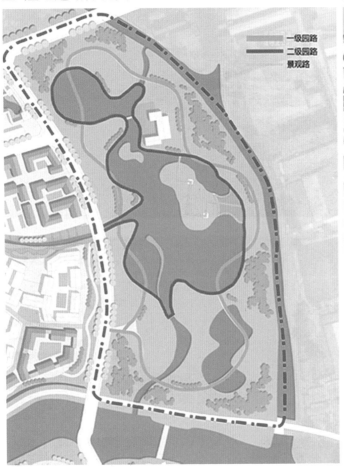

一级园路
二级园路
景观路

■ 湿地功能分区图

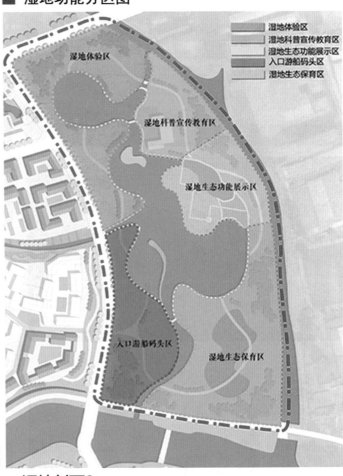

湿地体验区
湿地科普宣传教育区
湿地生态功能展示区
入口游船码头区
湿地生态保育区

湿地体验区
湿地科普宣传教育区
湿地生态功能展示区
入口游船码头区　湿地生态保育区

湿地剖面1

湿地剖面2

■ 沿河立面

指导教师感言

京津冀协同发展的背景之下，"X+1"京津冀联合毕设应运而生。通州张家湾古镇以其重要的区位、厚重的历史、独特的文化、特殊的发展条件吸引了大家关注的目光，成为本次联合毕设的选题，由此揭开各校同学们对于张家湾古镇未来发展之路的思考与探索。

这里曾千帆竞渡，运河之滨演绎了幕幕俗凵繁华；这里曾人流熙攘，通运桥上看尽了片片流水落花。张家湾，一个曾经古拙且响亮的名字，如今仅余下萧太后河畔一道寂寞的身影。今世之路究竟该通向何方？如何理解并品味通州运河文明之殇？如何看待该区域伊斯兰文化的传承？如何安置数量众多的原住民？如何治理曾经肆虐的河水？如何整治遍布坑塘的场地？如何追忆昔日的荣光？如何再塑昔日的辉煌？未来的通州需要一个怎样的张家湾？这些问题如期而至，如山一般横亘在同学们的面前。平心而论，本次联合毕设的选题是有相当难度的。于是，同学们从细致的现场踏勘开始，提取该区域的特色与问题。张家湾是个有意思且有故事的地方；虽有久远的运河源流，却仅余少许漕运遗存；虽有众多回民聚居，却并无伊斯兰特色；虽有丰富的街巷肌理，却无可圈可点的建筑风貌；虽有丰沛的水系资源，却无宜人的滨水空间……

研究、分析、策划、定位，同学们一步步地走进了张家湾的历史与文化，又进一步跳出了历史的羁绊，为张家湾的未来选择一条适宜的发展道路。最终的规划方案成熟也好，稚嫩也罢，其实又有什么关系呢？重要的是，同学们在合作中成长，在成长中进步，在实际项目中得到锻炼，他们收获的是同窗之谊、合作之利，借鉴的是其他兄弟院校的优秀经验，体验的是设计过程之艰辛与规划师之责任感。我想，这便是本次联合毕业设计的初衷吧。

梁玮男
北方工业大学　建筑与艺术学院

联合毕业设计结束了，从开题到中期到最后答辩，虽然是短短的三个月，但是我想大家都获益良多。收获的不仅仅是最后的图纸，更是大家在整个毕业设计过程中的合作、欢喜和压力。虽然这次我们学校的成绩不算理想，其中有各种各样的原因，但是我想成绩不重要，重要的是参加的同学，都努力了、奉献了、付出了，这就是青春的馈赠吧。

从专业角度上看，本次联合设计从选题、中期、到最后答辩，都在北京工业大学武老师和各位老师的辛勤组织下，在这里一并表示感谢。值得深思的是，未来毕业设计题目的设置、评判的标准、组织的形式，以及如何更加有效地提升学生的参与度和积极性，是这次联合毕业设计留给我们思考和探讨的命题。毕业设计是学生五年学习的总结，需要能对学生的综合设计能力、语言表达能力、图纸组织能力有综合的训练和提升，同时也是在整个大学教育期间引导学生对社会问题的深度洞察、职业道德的有效塑造等方面非常重要的一环。在规划方法、思路甚至我国城市规划大转型的背景下，城市规划教育已经也到了需要转型的时期。联合毕业设计应该对设计方法、体系、思路都有所创新，增加各校教师和学生实实在在的教学交流、设计交流、思想碰撞和创新方法的尝试。京津冀未来不仅是城市规划重要的表现舞台，也是未来城市规划重要的创新舞台。期待明年的联合毕业设计有所创新，让京津冀区域内的规划院校有更多的交流机会，让京津冀区域内的规划学子有更多的展示机会，让京津冀区域内的规划师生有更多的声音可以散发出来。第一届联合毕业设计，有幸参加，有幸观摩，乐在其中。路漫漫其修远兮，让吾辈一起和京津冀的联合毕业设计走下去。

李婧
北方工业大学　建筑与设计学院

学生感言

高宇辉：历时三个月的设计说长不长，说短也不短。从前期调研开始我便全身心地投入到了这个设计中去，从中获得了不少经验以及知识，对于一块地的设计思路也有了更新的突破。尽心则心安，在无数个日日夜夜熬夜画图的同时自己也获得了一些感悟。也十分感谢这次竞赛能够让我重新审视自己并且可以更加清晰地看到前方的道路！道路还很远，我仍将拼尽全力，追逐更好的自己！

于扬：通过这次竞赛，我学到了很多。在老师的帮助下，我学会系统地去分析一个地块的历史、现在与未来。学会更深层次地去挖掘地块内存在的问题及切入点。同时，也加深了对城市规划、城市设计的了解。在这次设计中，一个地块的问题不止有内部因素，也有外部因素存在，正如时代发展，萧太后河的运输作用逐渐降低，与此同时，张家湾镇也逐渐衰落下去。但是如何复兴地块，也不能只考虑历史因素，还要在现阶段国家规划的层次下，更有针对性地去设计、去引导城镇的发展。虽然这一次没有拿到令人满意的名次，但是从中所学到的知识并不比前几名少。我应该将这次学到的经验及不足加以理解，融会贯通。应用到之后我所参与的城市规划及设计之中。

王欣宜：非常荣幸在毕业之际还有机会参加此次"X+1"京津冀联合毕设。在大学的结尾做出自己最满意的作品。在和多校同学们共同学习交流中，我感触颇多。毕业设计已经告一段落了，但是听过另外六组的答辩后给了我更多的启发，这些才是留给我的更宝贵的财富。本次北京市张家湾的城市设计让我收获了很多，也更加坚定了自己在规划这个领域继续学习的决心。我更深刻地意识到学海无涯，自己的知识积累还远远不够。毕业设计不是终点，而是一个更大、更新的起点。在今后的日子里我会更加努力的向大家学习，争取更多地参加类似的活动。

孙雨晨：首先要感谢这次活动，让七个学校的师生有缘相聚，在活动过程中我们相互交流、互相学习，无论在专业知识还是设计经验方面都得到了很好的交流和有效的提升。在中期答辩的过程中，经过各校同学认真地讲解和评委老师们中肯的点评，我们学习到了很多知识，也意识到了很多的不足。在接下来的进行过程中，我们查缺补漏，改正了一些不合理的观点，融入了一些新的设计思路，在我校老师的指导下完成了设计。虽然最终的结果并不理想，但我认为设计的过程是一段非常宝贵的经历，也将是一段难能可贵的回忆。并且通过这次比赛我们深深意识到了一套优秀的作品是需要很多人的努力一起完成的，每一份的努力都是不可或缺的。我们不仅学到了许多知识，而且深刻地领略了团队意识的重要性，在今后的工作生活中我会继续延续这种精神，做好自己能做的事，不断合作、不断进步。最后，希望这次经历会成为今后挑战的动力，照亮我通向梦想的道路，指引我追寻梦想的航向！

修琳洁：感谢京津冀联合毕设给我们提供展示自我的平台，让我们用最后一个设计为五年本科的城规学习画上一个圆满的句号。从这次联合毕设的调研再到成果展示中，我收获了更多关于城市规划的方法及策略，拓展了思路；从同学的相互帮助学习中，我增强了团队合作能力；从文献的查阅和论文的写作中，我受到启发。联合毕设让自己成长，收获的不仅是成绩，更是老师和同学们的经验与策略！

释题与设计构思

释题

通州、运河、清真寺、萧太后河，本次题目的这些关键词都展示着这个题目本身的综合性和时代性。这些元素代表了北京的历史、北京的今天，甚至让我们可以畅想北京的未来。

通州代表了北京的未来，副中心的建设是北京城市功能转移的重要举措，也是北京未来城市发展的重中之重。张家湾从昔日的繁华漕运之地，到今天的落寞，畅想周边环球影城和副中心的建成，我们已经可以展望明天张家湾复兴之后的盛况。

张家湾集聚了太多属于北京的历史和名词：京杭大运河、红学、萧太后、清真寺等，太多的元素都汇聚在这里，两河交汇更是北京全城难得的地理环境。特殊的人文历史环境和地理条件，都决定了未来的张家湾承载的不仅仅是北京城几千年来的发展轨迹，更将成为北京城历史发展的活化石。

拿到题目，走访在萧太后河边，听着当地老大爷对历史的讲解，似乎时间定格在了历史的某个时期。今天这个地区仍然保持着一个小村落的安静和祥和。在村落中央的清真寺也依然保持着每天多次礼拜的宗教习俗。几百米之外，已经是通州大都市的模样。在这样的场地上做设计，令人深思的是，我们除了进行环境的更新改造，更想留下村头讲故事的老大爷、清真寺礼拜的人群，记住这张家湾曾经的模样；我们更想探索的不仅是文化的传承、旅游的带动，更想留下张家湾曾经的习俗，摸索在如此快速发展的都市边一个小村庄的生存之道，探索更多这样的村庄在快速城镇化的路途上怎样找到自己特有的路径。

因此，设计从开始就在寻找整个地段的各种关键词，探索各种关键景观要素，了解各种不同人群在这样的地块上的活动，我们更希望能够让年轻人真的融入这块古老的土地，让历史和文化的传承变成一种习惯，让各种物质的、非物质的文化可以在我们畅想的空间中生长。因此我们命题为"古城新记，枕河而生"。我们从新兴产业的带动、未来村落的新职能，到未来村落的生活，都希望探讨一种新的模式和方法，实现村庄的复兴和保护，实现村庄在新时期的发展，找到真正的适合中国现阶段发展的村庄保护和发展之路。设计总是基于今天有限的视角来探讨明天的无数种可能，总是基于设计者有限的思维来探讨明天城市的无限发展，但是设计的快乐也正在于此，好比一部大片的开放式结局，我们在这块土地上的农场体验，就好比那块留白，希望让后续的规划师、设计师、张家湾居民来续写她的明天。

设计构思

方案题目：古城新记，枕河而生　　　设计者：高宇辉　于　扬　王欣宜　孙雨晨　修琳洁

本次设计位于北京通州张家湾镇，区域内有文化价值的遗址较为丰富，但并未被利用，周围以自建平房为主，文化及其历史逐渐被淹没。由于北京副中心的设立、环球影视公园的建设以及周边大部分高新项目的崛起，在此情况下我们提出"古城新记，枕河而生"的主题。

首先，对于上位规划，此地的定位为：漕运古镇和承接服务职能的地区。对于周边快节奏的都市生活和现代化的娱乐场所，张家湾所承担的新职能为："民宿＋"。不但可以为周边提供休息的地方，还植入了一种新的产业：特色城市农场。在未来，环球影视公园的设立必会吸引年轻人和家长、儿童等人群。张家湾的特色产业恰好可以吸引到这些人群，借势发展。

由于地区的特殊性，本地的古城也早已遭到拆除。剩下的是文化价值最高的古桥和张家湾古城的城楼。由于古城的吸引度远不如"古北水镇"等已经成熟的古镇，古镇品牌我们将以特色城市农场为主配合亲子活动，体验有机生态生活为主题来促进古镇的知名度，成为国内首例生态建筑和古镇结合的小镇。

设计方面，本次对水、人、文化、产业、活动分别做了规划设计。规划将地块划分为五大主题片区，以水系及步行景观轴串联、对于古镇复兴模式采用了文旅＋体验农业模式。最终形成"5+4+3+X"的格局——五大主题片区、四条轴线、三大环线和多个小型活力空间。

具体布置如下：西部边界因其临片区主要对外界面临张采路，设置带状商业片区，提供对外商业服务；东侧现以河流为主，设置城市绿地区；基地西南侧结合原有建筑改造，设置民宿区；文化片区分为三小区，南侧临河及城市绿地地段设置立体农场，提供现代农业设施体验；在民宿区和立体农场区之间，为文化展示区，是整个规划地段的核心片区；沿文化展示片区轴线向北，依萧太后河为文化体验区；北部因古城墙遗址，设置历史遗迹区以重塑古城。

沿文化长廊，伸展四条主要轴线串联各片区：文化复兴轴串联文化片区及历史遗迹片区；特色产业轴串联历史遗迹片区及立体农场片区；民宿主轴串联民宿区和文化区。

三环以核心点由内至外依次为步行轴线环、绿环以及水环。

场地印象

河流
River

石桥
Bridge

城墙
BrickWall

寺庙
Temple

前期研究

a.通州区县镇发展定位

b.通州区产业分布

c.通州区新城规划结构

上位规划
Host

上位规划明确指出张家湾定位为漕运古城，并且为政务服务及综合配套区。不仅有北京副中心的搬迁、还有周围的环球影视公园，在周围高新产业园区纷纷在张家湾项目周围设立的大环境下，张家湾如何衔接职能是一大关键。

d.通州区文物保护分布

e.通州新城文保单位

f.区位内文保单位

区位分析
Location

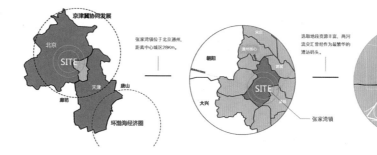

周边分析
Circum

项目周围路网较疏，存在交通拥堵隐患。项目西侧有一在建环球主题公园，距离本项目两公里。

项目周围用地属性单一，大部分为棚户区以及回迁房。本次项目的定位决定了其发展前途。

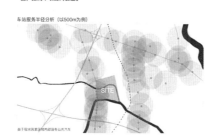

车站服务半径分析（以500m为例）

区域可达性分析

前期研究

SWOT

优势

张家湾地处运河码头处，拥有良好的历史人文资源

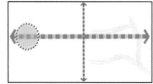

紧邻环球主题公园，为张家湾带来现代新鲜活力

凉水河、萧太后河交汇处，丰富的景观资源

机会

通州行政副中心发展需求，非首都职能疏解需求

紧邻环球主题公园，文旅城市发展板块重要组成部分

政府在人才、政策、资金等方面的支持

劣势

周边开发尚未完全，功能单一且缺乏联系，商业、景观、文化、娱乐等联系薄弱

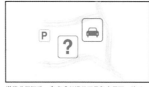

道路分级混乱，宽度难以满足现代行车需要，缺乏停车空间

交通的阻断，人与人、人与景沟通较难

威胁

张家湾住宅居多且残破，居民收入没有保证

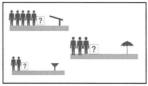

环境的恶化，基地内基础设施难以满足居民需求

河流污染较严重，且易发生内涝

岸线分析 Shoreline

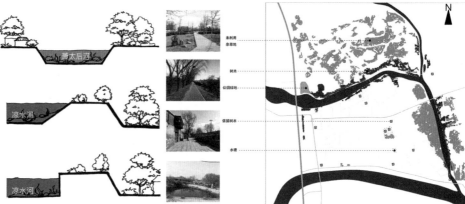

业态分析 Commercial

基地区域内部商业大致以餐饮以及服务类为主，大约有七家老店，呈带状分布。在未来的改造中将会保留老店作为记忆的传承。

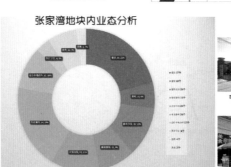

规划解读

开发理念
Idea

保留道路

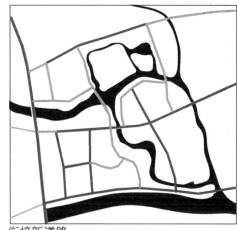

衔接新道路

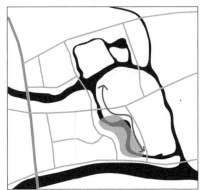

文化核心沿河设立，并延至北部古城区域。

1

2

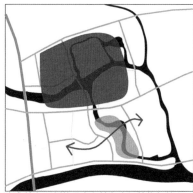

文化核心两侧的民宿和特色农场结构与核心。

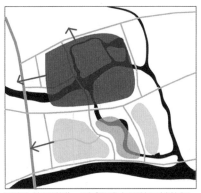

继续向外围演进，形成服务与周边区域的现代商业、服务配套等。

3

4

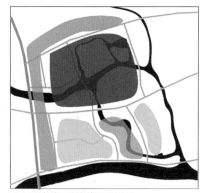

五大区域融于张家湾核心区域。

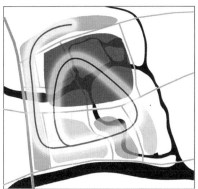

内部轴线关系将五大区域串联，形成体系。

5

6

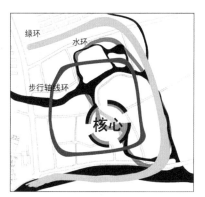

绿环、水环、步行轴线环围绕文化核心。

京 津 冀

2017 年城乡规划专业京津冀高校"X+1"联合毕业设计作品集
2017 BEIJING-TIANJIN-HEBEI UNIVERSITIES JOINT GRADUATION PROJECT OF URBAN PLANNING & DESIGN

规划解读

总平面图
Planing

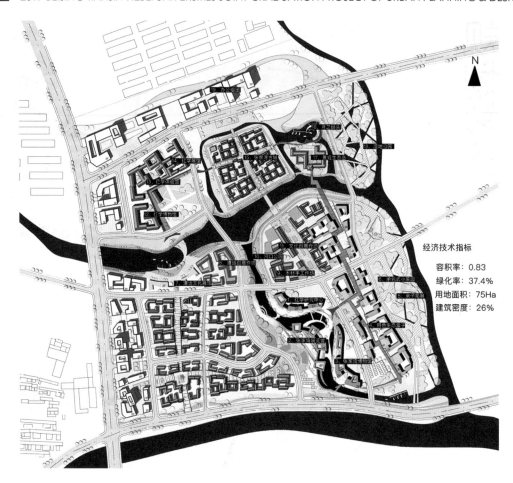

经济技术指标

容积率: 0.83
绿化率: 37.4%
用地面积: 75Ha
建筑密度: 26%

结构分析
Analysis

设计说明
Declear

本次设计位于北京通州张家湾核心区域。区域内文物资源丰富,具有历史
价值。基地周围,北部为回迁居住区用地,南部未经开发以工厂为主。西
部和北部聚集大量棚户区。环球影视公园及北京副中心的出现无疑是张家
湾的一个机遇。本次设计的主题是"古城新记,枕河而生"。设立五大主题
片区,再用水的贯通以及步行景观轴线串联起来。对于古城的复兴不仅仅
考虑为文旅,植入了一种兴新的现代体验式农业来增强古镇的知名度,最
终形成"5+3+2+X"的形态,即为: 五大主题,三条轴线,两环和无数个小
型活力空间。

规划解读

规划后分析
Analysis

功能区分析

- 对外商业服务区
- 民宿区
- 文化体验区
- 古城重塑区
- 城市绿地
- 文化展示区
- 立体农场区

交通分析图

- 城市干道
- 区域主要道路
- 区域次要道路
- 区域主要步行路

景观分析图

- 景观渗透
- 景观渗透
- 主要景观节点
- 次要景观节点

京 津 冀

2017年城乡规划专业京津冀高校"X+1"联合毕业设计作品集
2017 BEIJING-TIANJIN-HEBEI UNIVERSITIES JOINT GRADUATION PROJECT OF URBAN PLANNING & DESIGN

策略定位

河流策略
River

萧太后河、玉带河、凉水河三水绕城，自然资源丰富但是缺少联系。由于雨季凉水河洪涝严重，本次设计将萧太后河与玉带河两者打通联系，以水为街，营造积极空间。使用多种驳岸类型串联各滨水主题片区。策划水岸活动。复兴张家湾漕运文化，使之重现活力。

引

现状河流情况

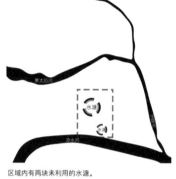

区域内有两块未利用的水塘。

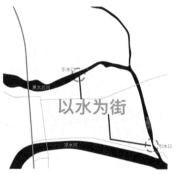

遵循现状原有街巷肌理营造"水街"，增加亲切感。

滨河驳岸类型

小吃摊	聚会	遛狗
餐饮	购物	行为艺术
游船	骑车	街头运动
街头表演	生态体验	街头运动
休憩	草地休闲	跑步
赛龙舟	垂钓	生态湿地
游览	运动	艺术水岸

线桥自然坡岸

漕运码头水岸

人工石头平台

滨水广场台阶

阶梯跳台水岸

自然湿地水岸

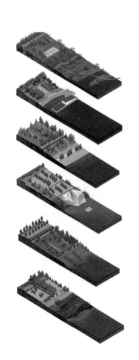

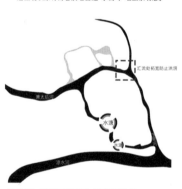

萧太后河、玉带河串联水塘，形成完整体系。

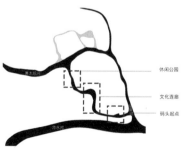

蜿蜒的水系赋予多样的功能，并逐步发展为区域的文化核心。

策略定位

文化策略
Culture

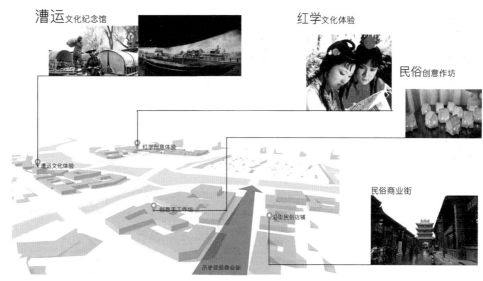

漕运文化纪念馆

红学文化体验

民俗创意作坊

民俗商业街

红学创意体验
漕运文化体验
创意手工作坊
沿街民俗店铺
历史民俗商业街

民俗复兴
Renewal

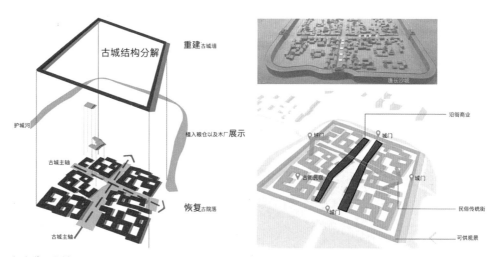

古城结构分解

重建古城墙

护城河
古城主轴
古城主轴
植入粮仓以及木厂展示
恢复古院落

唐长沙城

城门
城门
古街民宿
城门
沿街商业
民俗传统街
可供观景

古城重塑
Rebuild

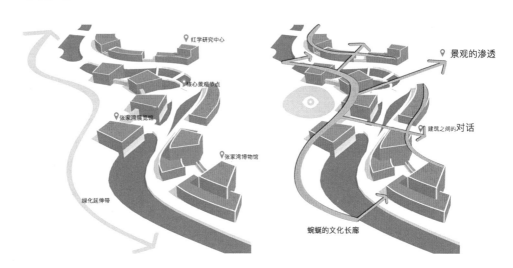

红学研究中心
核心景观节点
张家湾展览馆
张家湾博物馆
绿化延伸带

景观的渗透
建筑之间的对话
蜿蜒的文化长廊

文化重拾
Recollect

061

京 津 冀

2017 年城乡规划专业京津冀高校 "X+1" 联合毕业设计作品集
2017 BEIJING-TIANJIN-HEBEI UNIVERSITIES JOINT GRADUATION PROJECT OF URBAN PLANNING & DESIGN

策略定位

有机	不使用农药、激素、化肥等有害物质，国际公认的最安全食品
绿色	限量使用农药、化肥、激素等有害物质
无公害	农药残留重金属和有害微生物等卫生指标达到了无公害产品标准
普通食品	

中国经济状况良好，人们不仅满足于底层需求，寻求更高的生活质量。

搜索率分析
Analysis

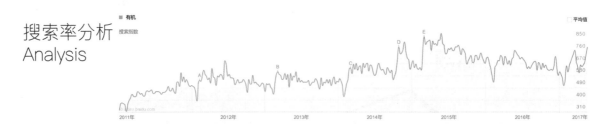

可行性分析
Viability

受吸引人群

娱乐性　创意型　年轻态

环球影城

张家湾位于于家务北部，于家务定位为：科技农业小镇，张家湾作为古镇可以衔接科技农业小镇的部分职能进行过渡。

策略定位

鱼菜共生技术

鱼菜共生
Co-live

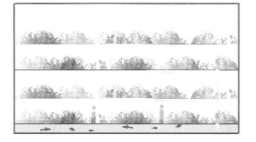

食品在本地生产是最重要的,
比其是否为有机食品还更重要。

提供养分

提供水

富含硝酸盐的水被抽起来
灌溉温室里的蔬菜

过滤细菌

生态盒子意向

基质土的重量低于正常土30%

植入策略
Transplant

特色产业为当地原住民
提供职位。

区域结构要素

原生湿地
栈道
亲子滨河
活动

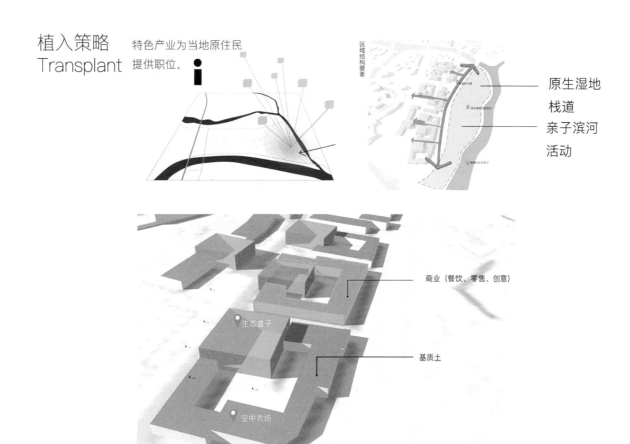

商业（餐饮、零售、创意）

基质土

生态盒子

空中农场

京 津 冀

2017 年城乡规划专业京津冀高校"X+1"联合毕业设计作品集
2017 BEIJING-TIANJIN-HEBEI UNIVERSITIES JOINT GRADUATION PROJECT OF URBAN PLANNING & DESIGN

策略定位

活动策略
Activity

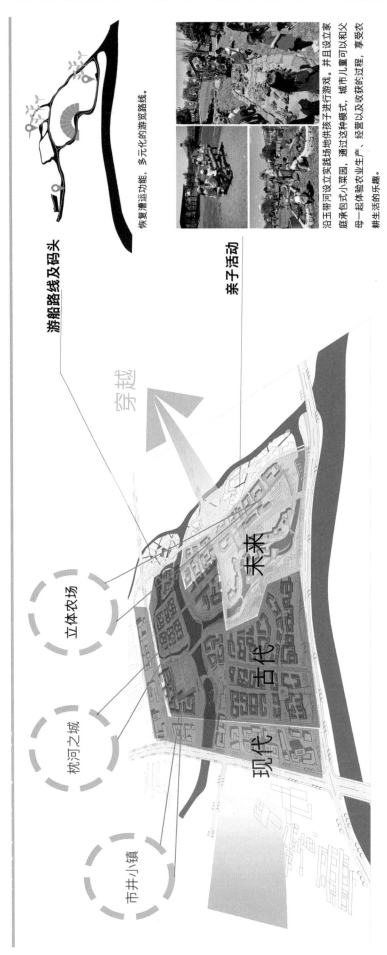

游船路线及码头

恢复漕运功能，多元化的游览路线。

亲子活动

沿玉带河设立实践场地供孩子进行游戏。并且设立家庭承包式小菜园，通过这种模式，城市儿童可以和父母一起体验农业生产、经营以及收获的过程，享受农耕生活的乐趣。

穿越

立体农场

枕河之城

市井小镇

现代

古代

未来

鸟瞰效果

京 津 冀

2017 年城乡规划专业京津冀高校"X+1"联合毕业设计作品集
2017 BEIJING-TIANJIN-HEBEI UNIVERSITIES JOINT GRADUATION PROJECT OF URBAN PLANNING & DESIGN

其他思考方案

总平面图

N

0 50   200M
   25 100

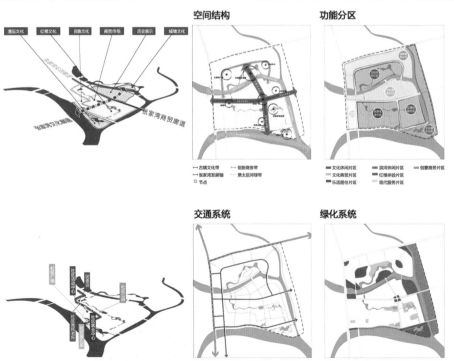

空间结构

功能分区

交通系统

绿化系统

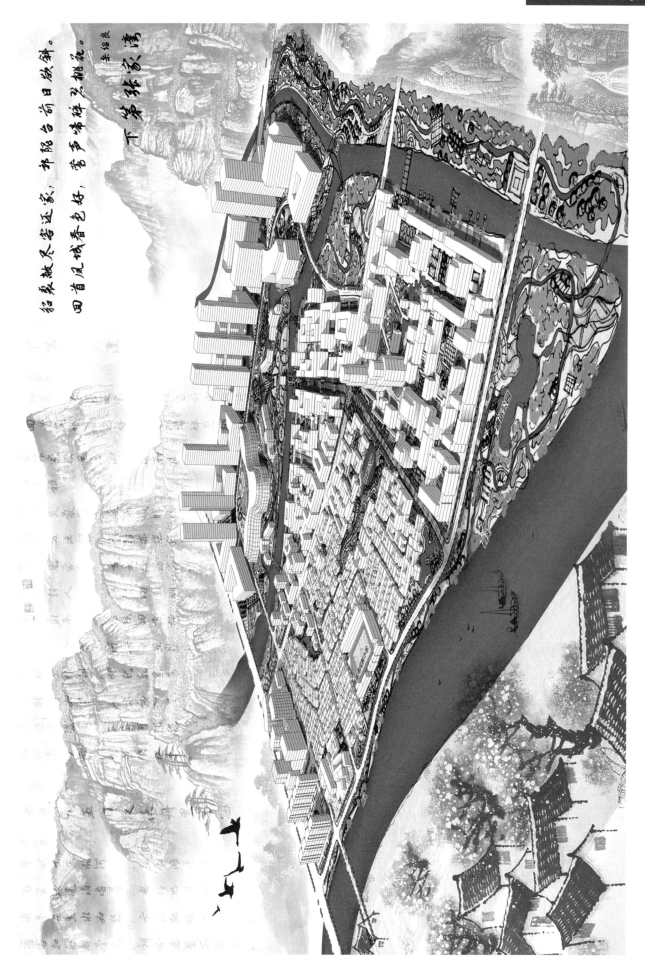

指导教师感言

　　2017 年京津冀城乡规划专业 "X+1" 首届联合毕业设计圆满结束，在协助组织并带队参与辅导学生设计教学全过程的活动中，受益匪浅、感受颇深。本次联合毕业设计选取 "北京通州张家湾萧太后河两岸城市设计" 为题，突出了课题对多元性的北京城市副中心、千年古镇张家湾、大运河文化遗产价值和环球国际影城的深入了解和系统的梳理发掘，经过多次走访调研、多元形式的交流答辩，让学生把所学知识与技能方法在复杂的社会现实里做了一次实战性的演习，七校的同学们充分运用其所学专长迎接了这次挑战，各设计方案创意大胆、构思缜密、结构严谨、表现丰富，从设计的过程到最终的成果都达到了很好的教学目的。

　　这个活动的效果和影响大大超出了我们的预期。2015 年和北京工业大学武凤文老师酝酿开展一次联合毕业设计时，原本是想城乡规划专业的一个校际教学交流活动，经过了 2年的准备和联系，不仅京津冀诸多高校积极参加，京津冀的设计研究院和企业也积极支持参与，各参加学校的领导也给了很大的重视和支持，最终变成了京津冀协同发展国家战略背景下京津冀三地高校协同育人的典型案例，变成了三地校企、校地协同育人的典型案例，契合了高等教育创新创业教育教学改革的发展方向。通过跨地区、跨校际、跨学界、跨学科的开放教学交流分享，彼此借鉴学习，在碰撞和融合的过程中，既开阔了教师的教育教学视野，也拓宽了学生的专业学习思路，对提高城乡规划专业人才培养质量、促进城乡规划学科发展具有非常积极的促进作用。在此，衷心地希望我们这个交融与创新的平台越办越好，也希望更多的学校融入我们京津冀高校教育教学联合体的队伍中来，期待明年的联合毕业设计更加精彩。

孔俊婷

河北工业大学　建筑与艺术设计学院

　　作为青年教师，能够辅导学生参加本次 2017 年京津冀城乡规划专业 "X+1" 首届联合毕业设计，并参与开题报告、中期汇报和毕业答辩全过程，使我受益颇多。本次联合毕业设计选题为北京通州张家湾萧太后河两岸城市设计，选题兼具文化性、地域性、矛盾性、工程性，可谓是有的做、有的挖。学生在设计过程中，通过大量的实地调研，充分了解场地特质；通过深入分析，提取、凝练、概括场地发展策略；在设计过程中，通过主题的明确和空间的反复推演，创造宜居空间，实现创意与适宜的平衡。通过七校联合毕设，学校、教师、学生之间充分互动，为学生和教师打开更广阔的视野。同时，政府、企业、学校之间的互动，设计院与学生之间的问答，都使日常浮于纸面的设计，真正地落地，这对于即将面对职场的毕业生来说，是难得的体验与经历。通过七校毕业设计的交流互动，可以发现日常教师教学中重点与特色的不同，对各校之间教学效果的提升有很好的效果。在此，希望 "X+1" 的平台越办越好，越来越多的学校加入这个共享、互动的大家庭。

李蕊

河北工业大学　建筑与艺术设计学院

　　毕业设计是对学生大学五年来所学课程的一次全面总结与教学验收，而本次京津冀七校联合毕业设计的形式则更好地促进了兄弟院校城市规划专业师生之间的切磋砥砺。三个多月的毕业设计指导，感慨良多，收获也颇多，具体体现如下：首先，一个集方案的合理性、理念的创新性以及表达的可观性于一体的优秀规划设计成果，必然植根于学生扎实的专业基本素养；其次，城乡规划需要多学科的交叉，通常涉及社会学、历史学、建筑学以及交通学等，而如何将相关学科众多的理论知识在实际项目中活学活用、用对用好是对学生的考验与挑战；再次，应让学生明确法定规划与非法定规划的互动与联动关系。在众多学生眼中，任务书给定的法定规划——张家湾控规是不可逾越的鸿沟，但殊不知该控规还处于调整未报批阶段，而此时的城市设计是可以对控规进行适当突破的，城市设计"参谋"的地位凸显，真正体现法定规划与非法定规划的互动与联动。

　　例如本组学生在设计中，将控规中玉带河西侧规划的湿地公园"打碎"分散到城区内，将"整块海绵"变成"碎片海绵"，同时保证汇水面积不变。再有，将过境交通张梁路的线位予以保留，采用高架的方式从张家湾镇上空穿过，而未采用控规中道路南移的方式。一来维系了萧太后河东西两岸村镇原有的肌理，二来避免了大运量的过境交通对历史城镇的影响，可谓一举两得；最后，团队协调与协作的重要性。本次联合毕业设计要求每两位同学一组共同完成总面积达75公顷的城市设计，两位同学必须各司其职、各尽其责、人尽其才、才尽其用，同时保证协调一致、协同共进才能圆满完成设计，这也为日后学生进入工作岗位做了一次真实的演练。总的来讲，本次联合毕设有收获也有不足，有喜悦也有遗憾，"路漫漫其修远兮，吾将上下而求索"，期待明年的联合毕业设计能有更大收获。

卞广萌

河北工业大学　建筑与艺术设计学院

学生感言

陈孟：光阴似箭，时光如梭。经过这些天的努力，毕业设计终于完成。回想我们做设计的过程，可以说是难易并存。难在真题不假做，考虑很多实际性的问题，古镇的定位、河水倒灌、滨水处理以及如何将文化实质化得以传承，并考虑古镇的效益与投入平衡问题。对于我们来说，发现问题、解决问题，这是最实际的。当我们遇到难题时，在孔俊婷、卞广萌、李蕊等老师的帮助下，这些难题得以解决，设计也能顺利地完成。总之，我们不但熟悉、掌握了古镇的现状与发展，还锻炼了自己对古镇传承文化、创新时代设计的能力，尤其是在我们完成了这个项目之后，有一种小小的成就感。在以后的实习工作中，我们也应该同样努力，不求最好、只求更好！

李倩：本着挑战自己的目的，开始了这个规划项目的设计。联合毕设开始后，经过反复思量与研究，我们想有所突破，不完全按着控规的设计。但是随着设计步伐的逐步迈进，才明白此山非彼山也，难的是如何既满足了规划院的基本要求，又使方案整体有着创新性与前瞻性。经过前期的调查，同类分析与实地勘测分析，多次与老师沟通协调，形成了初步的规划意向，方案定位与确立概念设计。随着方案进度的加深，在具体项目设计上如何保持延续传统文化与时代审美需求相统一，使本案能在继承传统文化的同时，有所发展又不失保持古镇的前卫与特有气质。最后想说的是：方案有所成功，也有所不足之处。感谢孔俊婷老师、卞广萌老师和李蕊老师的悉心指导，感谢我的队友，思想虽有不同，但也擦出了火花，谢谢你给我力量，给我动力。

杨美青：时光荏苒，青春行走在时间的河岸，渐行渐远，历时三个月的联合毕业设计已经结束，衷心感谢各位老师的指导，毕设中很多的思想与方法都得益于老师们的指导与启发。这次毕业设计中存在不足，但我却在学习的过程中收获了很多，一千个人心中有一千个哈姆雷特，每个学校的方案都存在优缺点，这也是我们相互学习、完善自我的一个过程。对于此次城市设计，我们的切入点是文化与生态，一次次的合作教会我不仅要坚持原则，同时也要学会妥协，这样才能达到整体方案最优。联合毕业设计给了我一个锻炼自己的机会，让我的心智也有了一个质的飞跃。

赵天晴：参加这次的联合毕设，我收获了很多，也认识了许多其他学校的小伙伴。毕设过程中，加入了各学校集中评图和讨论的过程，不再是只局限于在自己的校内做设计，通过和其他学校的老师、同学一起讨论，明确了自己方案中存在的问题和不足，由于各个学校规划方案时的侧重点都不太一样，我对项目也有了更多方面的认识。非常感谢老师们在此次设计中给予我极大的帮助。一路走来，历练我的心志，考验了我的能力，证明了自己的同时也发现了不足，非常感谢这次的联合毕设，感谢为我的大学五年画上了圆满的句号。

释题与设计构思

释题

张家湾始建于元代，曾是大运河北起点上重要的水陆交通枢纽和物流集散中心，千年漕运史为张家湾积淀了丰富的文化内涵，众多的文物古迹和传奇典故形成了张家湾独特的文化氛围。在中华文化复兴的时代要求及当前北京副中心建设的背景之下，如何正确认识张家湾地区的意义与价值，并以合理的规划来引导其未来的发展，是我们需要认真思考的问题。基于此，我们从以下三方面进行了释题：一、现状解读：张家湾镇位于北京副中心通州城区东南5公里处，其镇域是通往华北、东北、天津等地的交通要道，镇域内部交通便利，北京六环、京沈高速公路、京津公路等穿境而过。规划用地张家湾村位于张家湾镇的北部区域，项目地块三水环城——东依玉带河，南邻凉水河、中有萧太后河穿过。这一环境特质，为城市设计奠定良好的生态基础，更提出了水治理的难题。西部紧邻张采路，为项目与外部中心城市现有主要联系通道。根据现有总体规划，规划地块内南部将设城市主干交通道路，更好地联系东西城市空间。场地内部呈现半村半荒的状态。北部片区为城市闲置用地，地面平整，现有建筑遗存有老城墙、复建城门，横跨萧太后河上的通运桥见证着千年历史；南部片区，以张家湾村村庄建筑为主，建筑密度大，肌理清晰但特色不鲜明，兼有清真寺、小学、村委会等公共建筑。二、定位目标：项目定位为以漕运文化和红学文化为特色，形成宜居、宜养、宜业、宜游的生态文化小镇。规划要实现化物质资源弱势为非物质体验的优势，通过设计实现历史文化的传承与发展，创造更高价值的优质环境，与此同时，以特色文化为指导，打造多元的古文化体验体系，传承古镇本土文化。在设计上满足村民、城市置业者、游客客户群的多方需求，实现对近程都市客户群的吸引，形成独具特色的历史文化特色小镇和宜居家园。三、规划策略：在对上位规划、历史文化背景及场地现状等细致分析的基础上，根据前述确定的功能定位与规划目标，我们提出了"生态优先、文化提升、产业转型、空间重构"的规划策略，即充分发挥项目区内的自然环境优势，以优良的水绿环境和悠久的历史文化带动本地旅游业、健康产业及创意产业的发展，实现产业的顺利成功转型，并坚决避免以往城市复兴规划中重空间形象而轻人文内涵的做法，以提高环境质量与生活品质为宗旨，顺应并延续原有的古镇肌理，进行空间的布局、整合与重构。

设计构思

方案一：日暮京城数十载，梦断通州又一城　　设计者：陈　孟　李　倩

张家湾地区具有深厚的历史文化底蕴，张家湾古城以及一些历史事件的发生地正位于本次规划范围内。鉴于从民国时期漕运不通航造成张家湾的殁落，通过本次规划欲重建张家湾的辉煌。因此，本次方案的题目定为"日暮京城数十载，梦断通州又一城"。结合当地的悠久文化底蕴，本方案对历史文化保护与复兴方案开展了深入研究；结合当地的生态问题，本方案提出四态合一等规划理念；结合当前阶段未被批准的控制性详细规划提出两规联动的理念。通过对规划区城市设计的分析和研究，结合张家湾古镇更新设计项目提出相关问题与建议，准确反映城市功能定位、空间形态、生态环境建设等方面的设想。采用策划加规划的思路，对片区的功能定位、产业发展方向和思路进行重点研究，对城市总体规划所确定的功能定位和布局结构应基本遵从。在保证基本定位和基本格局的前提下，通过充分的分析研究可做适当的调整和优化，为指导下一层面详细规划提供依据。同时，在对项目上位规划、历史文化背景及场地现状等背景细致分析的基础上，针对项目设计研究面临的问题，提出了对应解决策略。以四态合一、两规联动为规划理念，鼓励健康产业、旅游度假、休闲理疗、养老社区等为主的怡养产业发展，全力打造国内首个全域、全概念的怡养古镇；融入时尚概念、现代建筑元素，打造国内最具时尚魅力的休闲古镇；努力引入国内首个生态湿地景观五星级主题酒店，打造国内规模最大的水林修身养性度假区。

方案二：红楼遗梦，水运人家　　设计者：杨美青　赵天晴

张家湾历史文化底蕴深厚，有张家湾镇古城遗址、悠久的漕运文化，同时又与红楼梦和曹雪芹有着紧密的联系，因此，本方案以"红楼遗梦，水运人家"为主题，挖掘传统文化的同时又融入现代元素，致力于打造一个古今融合的特色小镇。项目定位为以漕运古城、红学文化为核心的生态景观文化特色旅游区，规划依托于现状的交通及自然环境，深度挖掘历史文化资源，塑造规划区特有的城市空间形象和城市特色。以漕运史为主题，利用凉水河、萧太后河及周边玉带河等的自然景观条件打造活力滨水景观区；以红学文化为底蕴，在保护历史文化特色中形成独特的文化氛围。整合项目区内的自然环境优势，强调生态环境，顺应并延续原始的空间肌理，提高环境质量与生活品质，增强规划区的活力。项目的规划理念为"蔓藤城市"，这一理念主要表现在方案的六大方面：城市与自然融合、组团布局遏制无边缘发展、功能混合且齐全、路网自由、街区尺度小而密、延续生态农业景观。方案设计前期，主要考虑生态环境、生态农业景观、自由路网；方案后期深化时则侧重空间的推敲以及功能的完善，并利用多种生态手段实现特色小镇的可持续发展。项目空间结构为"三轴两心、生态四廊、多点互联"。三轴为：红色文学轴、市井民俗轴、运河文化轴。两心为：红楼古城演艺中心和民俗文化休闲中心。生态廊道包含三条绿色廊道及滨水蓝绿廊道。

一、透视现状，找出机遇

1.1 张家湾区位优势

城市区位——北京发展第六圈层，重点发展城镇
旅游区位——长城文化旅游带、永定河生态休闲带、环球影城风景旅游区等多个重要旅游带及区域的临近处
交通区位——北京1小时交通圈内，地铁八号线开通将大大缩短交通时间

1.2 张家湾文化优势

| 漕运文化 | 宗教文化 | 红学文化 | 市井文化 |

因河兴商，因河兴市
运河的畅通使各地区经济文化水平都得到了空前发展，同时也遗留下宝贵的文化遗产。

清真寺也被称为"礼拜寺"在伊斯兰教传入中国并继续发展的过程中，清真寺礼拜始终是穆斯林对群众进行宗教活动、教育和宣传的重要形式。

《红楼梦》被评为中国最具文学成就的古典小说及章回小说的巅峰之作，以至于以一部作品构成一门学术性的独立研究学科——红学，这在文学史上是极为罕见的。

张家湾的庙会：张家湾村的高跷、高楼金村的大鼓、华庄的"吵子"、齐善庄的中幡。

1.3 国内古镇旅游发展

北方古镇
西南古镇　江南古镇
岭南古镇

乌镇
"江南水乡"、"一样的古镇不一样的乌镇"
吴越文化、江南文化

周庄
"中国第一水乡"、"画家村"
吴文化、商贾文化、传统文艺

和顺
"华侨之乡"、"书香门里"
多元文化、西南丝绸之路

丽江
"国中贵原、云中丽江"
"古城、古街、古桥、古乐伴随玉龙山终年不化的积雪"
纳西东巴文化、摩梭风情

西塘
"生活着的千年古镇"
江南水乡、民俗文化

宏村　西递　南浔　西塘

和顺　平遥　周庄　同里

国内古镇开发不断成熟，均以古镇旅游发展为核心，以民俗体验为特色，面临主题重复、商业开发过度等问题；
纵观全国古镇发展，少有完整的产业组织以及全感观体验式的主题旅游度假产品；
为张家湾古镇的发展提供了一定产业空间。

1.4 张家湾现状问题

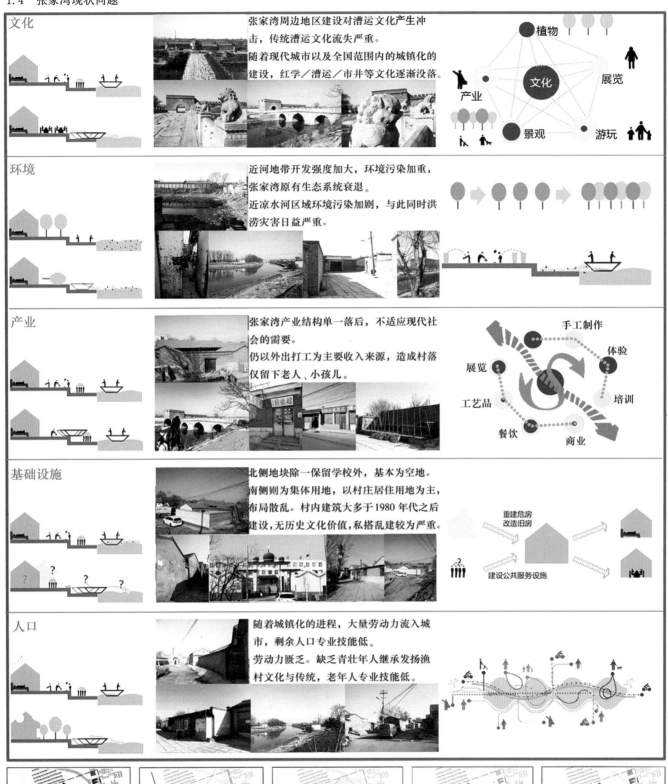

文化
张家湾周边地区建设对漕运文化产生冲击，传统漕运文化流失严重。
随着现代城市以及全国范围内的城镇化的建设，红学/漕运/市井等文化逐渐没落。

环境
近河地带开发强度加大，环境污染加重，张家湾原有生态系统衰退。
近凉水河区域环境污染加剧，与此同时洪涝灾害日益严重。

产业
张家湾产业结构单一落后，不适应现代社会的需要。
仍以外出打工为主要收入来源，造成村落仅留下老人、小孩儿。

基础设施
北侧地块除一保留学校外，基本为空地。
南侧则为集体用地，以村庄居住用地为主，布局散乱。村内建筑大多于1980年代之后建设，无历史文化价值，私搭乱建较为严重。

人口
随着城镇化的进程，大量劳动力流入城市，剩余人口专业技能低。
劳动力匮乏。缺乏青壮年人继承发扬渔村文化与传统，老年人专业技能低。

现状肌理图　　现状路网图　　现状功能分区图　　现状建筑高度图　　现状建筑质量图

劣势：1.整体风貌破坏严重　2.基础设施建设亟待改善　3.水体环境污染严重
挑战：如何弘扬张家湾历史文化特色，吸引人群，将成为张家湾发展的一大难题。

073

▌二、明确理念，总体定位

2.1 张家湾整体发展思路

一大主题 —— 两大理念 —— 四大目标 —— 四大原则 —— 五大策略

		国家5A级景区	理水	生态谷
怡养	四态合一	国家生态示范小镇	育林	多元化功能
	两规联动	北京旅游度假区重点区域	优街	原动力
		通州区示范型乡镇	复城	绿色交通
				分期开发

2.2 一大主题

规划产业定位——怡养产业

现状与问题	上位规划	新兴产业引入与发展需求
乡村城市化释放大量农业人口 "三农"问题 城乡休闲度假有一定市场基础 历史悠久，红学/漕运文化醇厚 自然环境优势		产业结构调整升级　提高产业附加值 养生康体　健康产业 理疗旅游　生态湿地

养生之道，源于自然；栖居之道，在乎山水；养心之魂，来自文化。
张家湾拥有独具特色的养生资源，
可围绕红学、漕运文化，突出养生文化，
形成产业主线，优化空间结构，建立核心产品，
从而形成产业链发展。

张家湾产业选择
怡养产业

2.3 两大理念

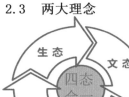

红漕张家湾　文化小镇
- 北京市以红学文化、漕运文化为主题的小镇

田园张家湾　生态小镇
- 北京乃至全国唯一具有完备生态标准体系的田园生活小镇

怡养张家湾　旅居小镇
- 大北京怡养旅居首选地、国际怡养度假小镇

古韵张家湾　国际小镇
- 历史文化与现代文明交相辉映的小镇

2.4 四大目标

国家5A级景区	国家生态示范小镇	北京旅游度假区重点区域	通州区示范型乡镇

国家5A级景区：□争创国家5A级景区；■树立标志、丰富旅游产品、提升配套设施

国家生态示范小镇：□树立中国生态小镇标杆
- 经济、社会、自然、文化全方面生态可持续发展
- 综合参考国内生态小镇标准及规范、国际LEEN-ND、ECO-TOWNS标准，制定全新全方面的世界田园生态小镇标准
- 完善的城市功能、合理的空间布局，人与自然和谐共生的生态田园环境
- 独具魅力的城市文化，城市活力的源泉

北京旅游度假区重点区域

通州区示范型乡镇：□养心 养神 养性 养身 养生

大观园 饮食之养　禅乐之养
反映禅宗的神圣，突出庄严肃穆的意境。"少欲而知足，知足而长乐"。

生活禅 音乐之养　中医之养
即将禅的精神、禅的智慧普遍融入生活。禅理的"生活化"与"化生活"两个方面。

自然禅 运动之养　自然之养
经过文学艺术化的加工，得以发扬，形成了我国古代一脉相承的文化现象。水田禅诗、禅画把抽象的自然空灵禅理意象化、形象化，发展成为中华文化中的艺术奇葩。

三、方案展示，方案分析

3.1 总平面图

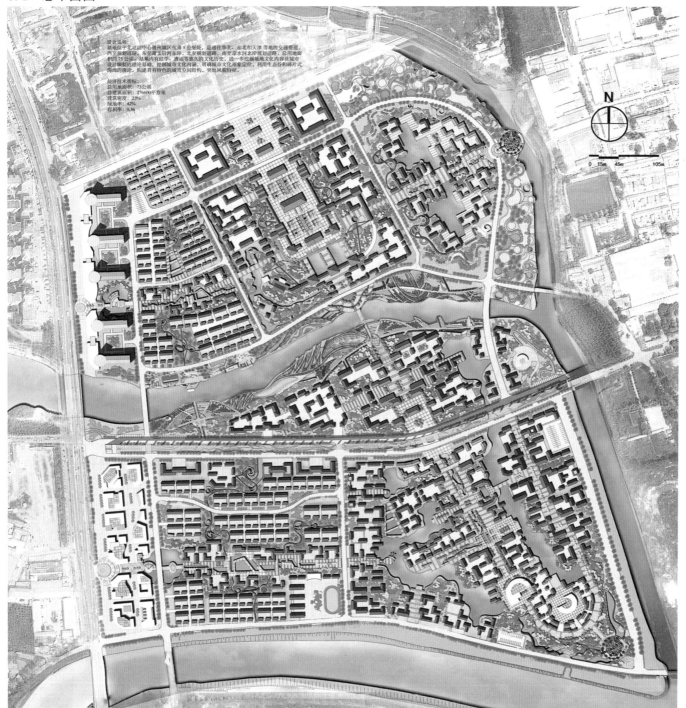

3.2 总平面分析

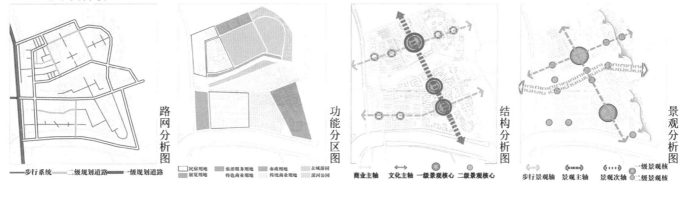

路网分析图

功能分区图

结构分析图

景观分析图

3.3 滨水空间设计

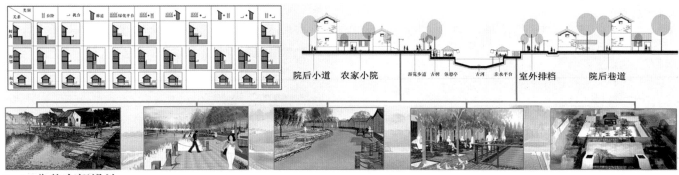

院后小道　农家小院　　游憩步道 古树 体憩亭　古河 亲水平台　室外排档　　院后巷道

3.4 公共空间设计

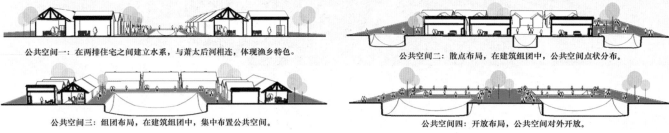

公共空间一：在两排住宅之间建立水系，与萧太后河相连，体现渔乡特色。

公共空间二：散点布局，在建筑组团中，公共空间点状分布。

公共空间三：组团布局，在建筑组团中，集中布置公共空间。

公共空间四：开放布局，公共空间对外开放。

3.5 加建单体设计

空隙：林间空地　空隙：旧宅废墟　空隙：山墙之间　空隙：岔路交口　空隙：邻里合院　空隙：路边食摊

古风：草木为遮　古风：荷香游憩　古风：过巷小楼　古风：庙街汇市　古风：鸿儒茶会　古风：桥上街市

覆盖：置顶林蔽　依附：依墟建园　镶嵌：嵌宇为楼　垒高：垒台为市　垂挂：挂壁面聚　桥接：衔桥揭瓦

亭下休憩　锻炼玩耍　茶楼畅聊　驻台瞭望　品酒言欢　交易游览

休闲亭轴侧　宅墟院轴侧　茶楼轴侧　瞭望台轴侧　酒楼轴侧　街道轴侧

3.6 过境路探究

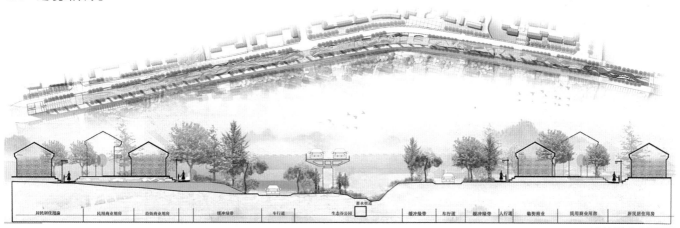

过境道路剖面图

3.7 形态改造过程1

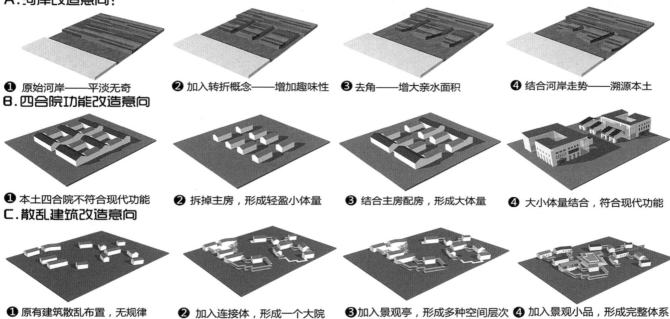

A.河岸改造意向：

❶ 原始河岸——平淡无奇　❷ 加入转折概念——增加趣味性　❸ 去角——增大亲水面积　❹ 结合河岸走势——溯源本土

B.四合院功能改造意向

❶ 本土四合院不符合现代功能　❷ 拆掉主房，形成轻盈小体量　❸ 结合主房配房，形成大体量　❹ 大小体量结合，符合现代功能

C.散乱建筑改造意向

❶ 原有建筑散乱布置，无规律　❷ 加入连接体，形成一个大院　❸加入景观亭，形成多种空间层次　❹ 加入景观小品，形成完整体系

3.8 形态改造过程2

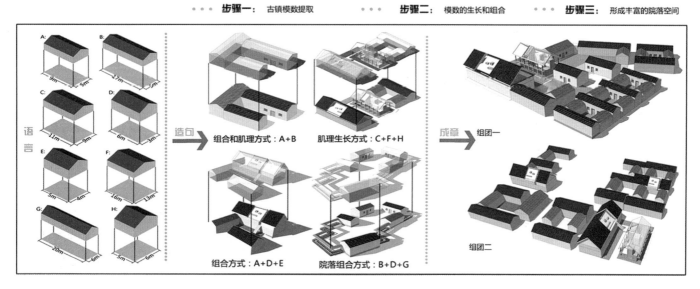

• • • **步骤一：** 古镇模数提取　　• • • **步骤二：** 模数的生长和组合　　• • • **步骤三：** 形成丰富的院落空间

□ **强化趣味空间——黄葡巷**

将原有民居后院打通，建造黄葡巷，串联复城街与若柳街，增添街巷互动趣味空间，布局茶舍、
文化主题酒吧等，提供休闲逗留趣味空间。

3.9 循迹古镇生活

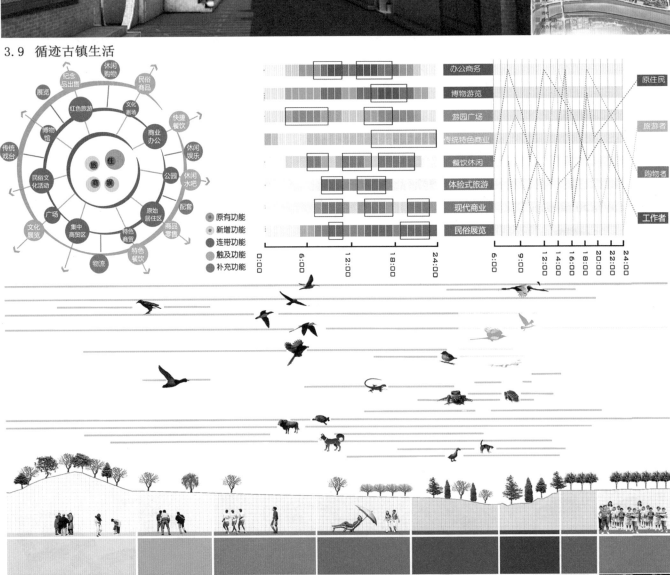

3.10 立面效果图

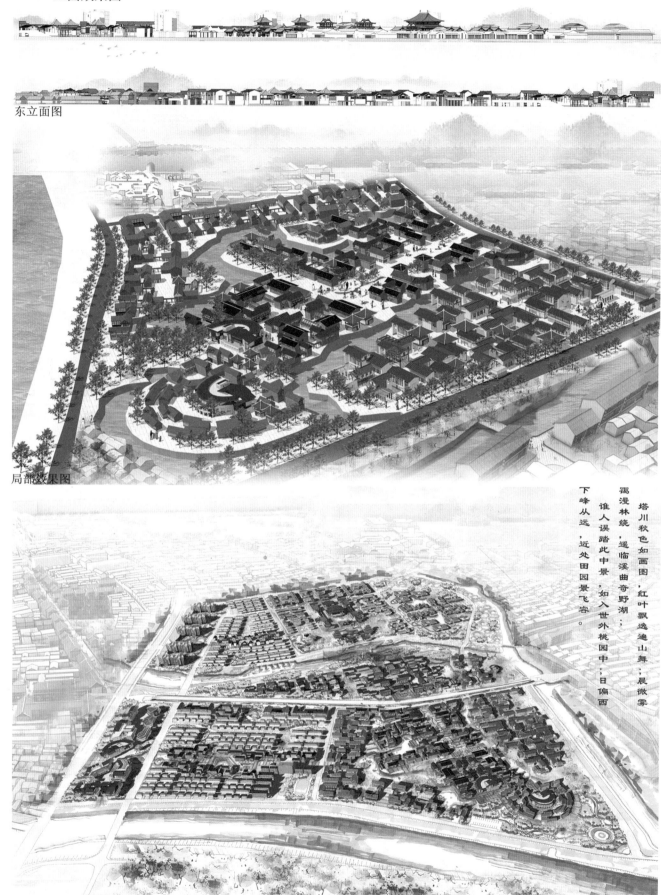

东立面图

局部效果图

塔川秋色如画图，红叶飘逸逸山舞；晨微雾
霭漫林绕，遥临溪曲奇野湖；
谁人误踏此中景，如入世外桃园中；日偏西
下峰从远，近处田园景飞容。

鸟瞰图

红楼遗梦, 水运人家——基于蔓藤城市理念下的城市设计

文化分析

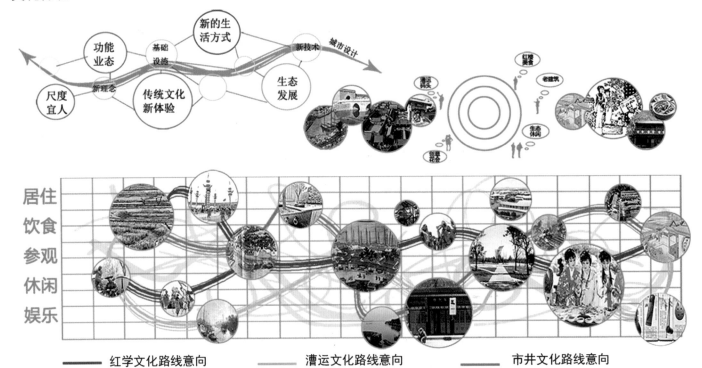

—— 红学文化路线意向　　　—— 漕运文化路线意向　　　—— 市井文化路线意向

特色分析

历史遗迹

基地内部现遗存张家湾古城的南城门以及通运古桥, 保留状态良好。　**1**

水源充足

基地三面临河, 自古是四水汇流之地, 随水运发展起来。　**2**

街巷曲折

街巷承载着居民的日常活动, 街巷格局是体现古镇历史肌理的重要组成部分; 小巷应用小曲折而富有特点。　**3**

民俗多样

张家湾历史悠久, 庙会、民间花会、民间艺术、老字号店铺等, 民俗独特。　**4**

问题分析

现代生活的介入

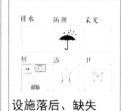

设施落后、缺失

老建筑 < 新生活

建筑分析

建筑肌理混乱
缺乏公共空间

建筑风貌不统一

建筑质量差 ▬▬
建筑质量较差 ▬▬
建筑质量较好 ▬▬
建筑质量好 ▬▬

道路系统混乱、等级无序，基础设施差，两侧基本无绿化。

绿化分析

基地内部绿化环境差，不存在绿化系统，仅存在运河两岸的护堤绿化，及部分居住建筑院内绿化。

绿化
道路 ▬▬▬

雨洪分析

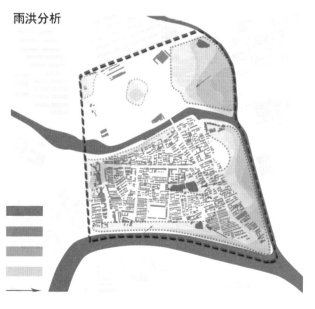

院落围合

 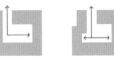

传统院落　　断裂　　错位　　退位　　传统院落　　断裂　　错位　　退位

活力塑造

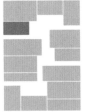 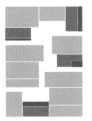  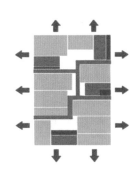

功能单一的活　活力空间置入　置入不同的活　活力空间中部分作　活力空间增加场
力空间　　　　开放空间中　　力空间　　　　为公共元素　　　　地间的联系

方案分析

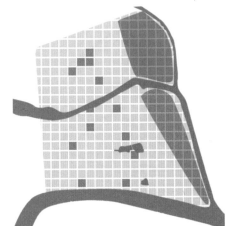

原始建设用地与生态关系
尊重原有山水城之间的格局，强调人与
自然共生的生态格局。

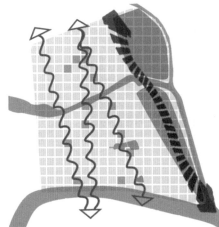

密路网、小街区
延续、疏通现有道路肌理，形成自由、
高密度的生态慢路网络，划分小尺度
街区。

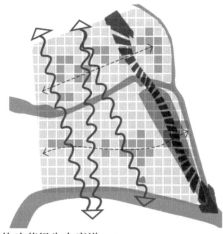

构建蓝绿生态廊道
依循现有绿化，延续肌理，打造生态蓝
绿廊道，改善环境、南北向脉络发展。

082

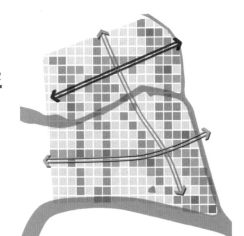

打造"两横一纵"轴线
结合水系、廊道、原有基地内部的道路
肌理，打造两横一纵的轴线格局。

密路网、小街区
延续、疏通现有道路肌理，形成自由、
高密度的生态慢路网络，划分小尺度
街区。

打造多重节点
以文化为主，每个功能区相对完整且独
立，结合生态打造重点节点。

总平面图

设计说明：
基地位于北京市通州区，距离通州主城区约 5 公里。规划范围北至规划路，东至萧太后河东岸，南至凉水河，西至张采路，规划面积 75ha。方案以藤蔓城市为理念，结合海绵城市等生态技术手法进行规划设计。充分发挥基地内的历史文化资源，将"红楼遗梦，水运人家"与现代生活、旅游相结合。
技术经济指标：
总用地面积：75ha　　总建筑面积：292500 ㎡　　容积率：0.39
建筑密度：18%　　绿地率：60%

京 津 冀

2017 年城乡规划专业京津冀高校"X+1"联合毕业设计作品集
2017 BEIJING-TIANJIN-HEBEI UNIVERSITIES JOINT GRADUATION PROJECT OF URBAN PLANNING & DESIGN

道路分析

外部交通 　内部车行路 　主要广场
公交站点 　慢行道路 　停车场

慢行交通分析 1

主要骑行道路 　游憩骑行道路
次要骑行道路 　自行车租赁点

慢行交通分析 2

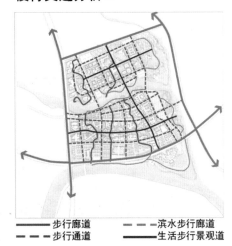

步行廊道 　滨水步行廊道
步行通道 　生活步行景观道

轴线分析

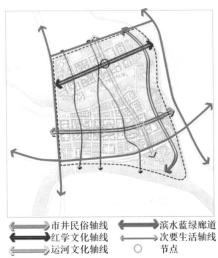

市井民俗轴线 　滨水蓝绿廊道
红学文化轴线 　次要生活轴线
运河文化轴线 　节点

景观分析

主要景观轴线 　主要景观节点
滨水景观轴线 　次要景观节点
次要景观轴线 　滨水景观节点

功能分区

红楼文化综合区 　特色居住区 　遗址公园
市井文化创意区 　原著居民区 　停车公园
传统文化体验区 　农业综合区 　回民美食区

市井文化轴线分析

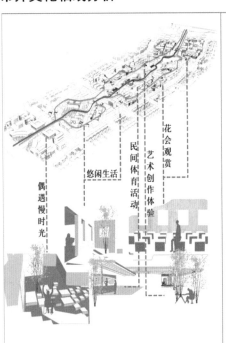

偶遇慢时光　悠闲生活　民间体育活动　艺术创作体验　花会观赏

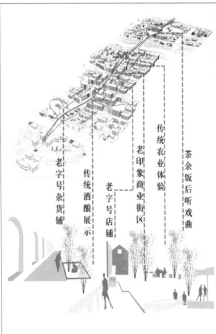

老字号杂货铺　传统酒酿展示　老字号店铺　老印象商业街区　传统农业体验　茶余饭后听戏曲

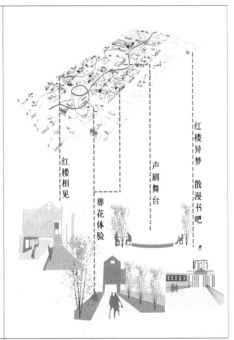

红楼相见　葬花体验　声剧舞台　红楼异梦　散漫书吧

滨河空间分析

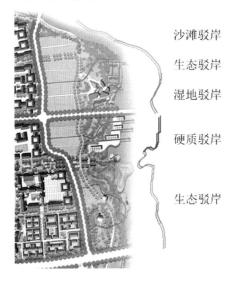

沙滩驳岸

生态驳岸

湿地驳岸

硬质驳岸

生态驳岸

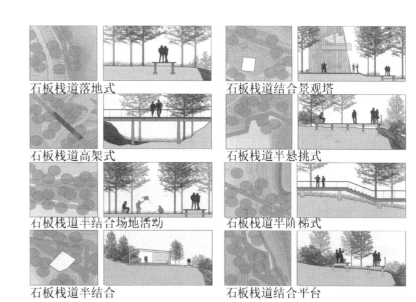

石板栈道落地式　　石板栈道结合景观塔

石板栈道高架式　　石板栈道半悬挑式

石板栈道半结合场地活动　石板栈道半阶梯式

石板栈道半结合　　石板栈道结合平台

岸线分析

植物配置

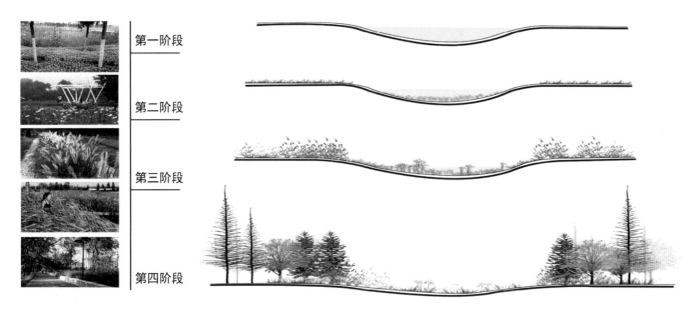

第一阶段

第二阶段

第三阶段

第四阶段

085

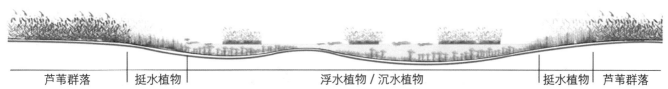

芦苇群落　挺水植物　　浮水植物/沉水植物　　挺水植物　芦苇群落

鸟瞰图

院落组合

立面图

剖面图

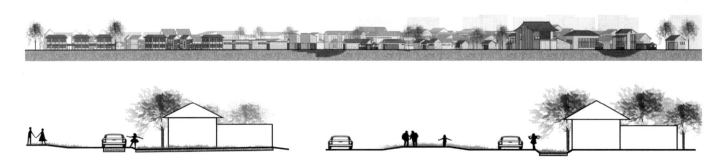

指导教师感言

为了积极响应京津冀协同发展战略，加强京津冀高校间规划专业的交流与协作，由京津冀七所高校，包括北京工业大学、北京林业大学、北方工业大学、河北工业大学、天津城建大学、河北建筑工程学院、河北农业大学组成了响应"京津冀协同发展"主题的高校教育教学联合体。我校由建筑学院张戈副院长领衔，规划系孙永青主任、兰旭副主任带队，朱凤杰、靳瑞峰等骨干教师参与，选取30名学生组成毕业设计团队，积极参与了此次联合毕业设计。

联合毕业设计活动以"通州张家湾镇萧太后河两岸城市设计"为题目，我校两组学生代表分别以"家·传"和"创·忆"为设计主题的核心理念，从场地更新模式、如何展现漕运文化遗存以及关于防灾与生态修复等方面提出了自己的思考与见解。本次联合毕业设计活动全面地呈现了七所学校联合毕业设计的成果，体现了这几所著名院校的毕业设计教学水平，也是各校规划学科教育的集中展现，是一个鲜活的规划教育实例，而这正是七校联合毕业设计的目的之一，探讨了一种新的规划教学模式。在这个模式之中最大的受益者是参加此次活动的学生，学生们三次汇集北京，从实地考察、中期评图到终期评图，每一位学生都聆听了多所学校还有外请专家的意见和建议，这是一个难得的学习机会，也将成为一生中值得记忆的事件。

"京津冀七校联合毕设"既是一个院校间专业交流与分享的平台，又是一个面向未来学会投入与承诺的考验，七校的同学们交出了一份出色的答卷，也希望毕设成果能为当地政府决策提供参考。最后，特别感谢主办方和对本次联合毕设作出努力的专家、领导们，同时感谢共同奋斗过，将来还要一起努力的兄弟院校的同仁们，感谢激情和智慧并存的规划学子们，有了规划人的共同努力，京津冀的城乡规划教育将会迈上一个新的台阶！同时，祝愿七校参加此次活动的全体毕业班学生，在走出校门、进入工作岗位后能够再接再厉、砥砺前行，百尺竿头、更进一步，成为我国城乡规划与建设领域的栋梁之才！

曾穗平
天津城建大学

　　为积极响应京津冀协同发展，京津冀七所高校形成了 2017 规划教育教学联合体。联合毕业设计启动阶段，我校建筑学院主管教学的两位院长及规划系两名主任参加了启动会，这是领导对评估后专业提升的再次期许。学生积极踊跃报名参加联合毕业设计，更是学生对拓展知识、开阔视野的渴望。

　　同学们在悉心聆听了专家对张家湾 "六小村" 地块的精辟解读后，进行了实地调研。走在 "六小村" 的小街，两边商铺透着小镇朴素的味道，通往镇中心的主要道路上，来往的车辆打破了村庄应有的静谧，当然从干道上延伸出来的街巷空间还是比较惬意的，时不时溜达出一只猫或狗。走进清真寺，具有两百多年历史的大寺和古树留住了岁月的痕迹，虽是加建了一些现代的建筑，依然不影响清真教徒的有组织的活动及寺内氛围。经过岁月打磨的光滑石头桥面和桥头及桥底的石狮，告诉我们这里曾经有过古老且美好的故事。登上城墙眺望，这是一片充满和谐的村庄，但是近年来它曾有严重的洪涝危机及消防安全隐患，半数以上是外来打工人口，同时 2015 年通州正式成为北京市行政副中心，"六小村" 将会在历史的发展潮流中发生改变。

　　外力和内因作用下，"六小村" 要发生变化，亟待多方共谋良策引导它的发展。如何既能保留良好的自然景观和历史底蕴，又能使它获得经济上的良性发展？大家都想尽力给出最好的答案。从联合毕设的开题到中期汇报，直至最终答辩，主办方北京工业大学特邀了中规院、北规院、通州规划局、学会及高校的领导、专家，对学生的方案给出了非常中肯的点评，在此特别感谢主办方和对本次联合毕设做出努力的专家、领导们，同时感谢共同奋斗过、将来还要一起努力的兄弟院校的同仁们，感谢激情和智慧并存的规划学子们，有了规划人的共同努力，京津冀的城乡规划教育将会发展得更好！

朱凤杰

天津城建大学

学生感言

王越：我对于参加联合毕业设计这个事情，感到非常的荣幸。京津冀七校联合毕业设计为我们这样的大学生提供了很宽广的平台，从而接触到了规划界的各位专家学者以及其他院校的优秀毕业生们。交流和讲演之中实实在在地学到了太多的经验和知识，也看到了外面更广袤的世界。最后，预祝以后的每届联合毕设都能发挥其更大能量。

冯一淳：首先，我很荣幸地在本次设计中参加到了联合毕业设计组，有机会去接触到其他的学校和其他的同学，平时都是在自己的学校里和同学、老师交流，没有多少机会能了解其他的学校怎么去完成一个设计和方案，也是对自己的水平和设计能力有了一个更加清晰的认识。总之，很感谢这次联合毕设给我一个机会去锻炼自己、强化自己，使我获得未来发展道路上宝贵的经验。

范婷：时光荏苒，如白驹过隙，随着毕业答辩的结尾，毕设生活也将落下帷幕。在参加此次京津冀组织的七校联合毕设过程中，从开始设计方案以来，给我帮助的人太多太多，令我感动的时刻数不胜数，我会把每一份关怀、每一份勉励都铭记、珍藏。回首往事兮景幻多，感念吾师兮梦婆娑。感谢我的导师孙老师对我学习的支持、勉励，我能深深感觉到孙老师严谨踏实的治学态度和平易近人的人格魅力熏陶着我。在此真诚地祝福老师们一生平安幸福。在汇报中，我们听取各位专家、老师的指导与点评，学习各校学生的优秀作品，取长补短，获益良多。在求学、求知、求真这条旅途上，我需要感谢太多人，需要铭记太多情，我将铭记心中，感恩所有，并将这一切化作春泥，支撑着自己不断向上、不断成长，向着未知的远方，大步前进。

马翠翠：有幸，自己参加了此次京津冀组织的七校联合毕设，在这半年的联合毕设过程中，我们听取各位专家、老师的指导与点评，学习各校学生的优秀作品，取长补短，获益良多。在联合毕设期间，在前期背景的分析、设计主题及人群的定位、如何展现漕运文化遗存，以及关于防灾与生态修复的解决措施方面，老师与专家都给了我很大的引导与启示，特别要感谢带我毕设的孙老师，她的严谨态度与专业素养，使我自己的专业知识、专业技能获得了很大的进步，同时，感谢在毕设期间与我合作的小伙伴，我们互相的探讨、配合，使我获得了提升。"始于幸运，止于完美"，这是我自己在大学学习与生活中所坚持的目标，此次的联合毕业设计经验将会是我走向社会的一大笔财富。

释题与设计构思

　　京东张家湾镇是漕运文化和清真文化积淀最为深厚的地区，也是当代城乡问题最为突出的地区。随着通州作为北京城市副中心地位的确立，大尺度的新建设不断蚕食着原有的历史文化环境，旧有城市肌理呈现出空间破碎化的状况；在城市快速发展的同时，张家湾镇原住民的生活条件并未得以改善，居住生活环境衰败、人口老龄化趋势日益突出；该地经济产业也并不呈现出旺盛的发展势头，提供的就业岗位多对技能要求不高，无法吸引一些具有竞争力的人才前往。这些都充分展现了历史文化地区在当前城市更新过程中面临的复杂困境。因此，在题目给定的 103 公顷范围内，我们将聚焦上述问题，尝试探寻一些针对此类问题的解决办法。

　　张家湾镇的独特性在哪里？如何维护并强化这样的独特性？这是我们需要回答的核心问题。在我们看来，张家湾镇的独特性体现在物质空间和生活方式两方面。不同时期的生活塑造了张家湾镇独特的空间环境，空间环境也影响了张家湾镇人们的生活方式，两者相互依存。因此，我们的研究和设计从空间环境和生活方式两个方面进行。在保护和延续历久积淀而成的张家湾镇空间特色的同时，回应不同人群的需求，体现城镇的人文关怀，营造宜人的、充满活力的城镇生活。

　　在方法上，我们强调以问题为导向，并紧紧围绕"如何维护并强化张家湾特色"展开我们的工作；我们注重历史资料的搜集整理工作，厘清张家湾镇的历史脉络，找寻失落的文化资源，这对于张家湾镇这样的地区而言，其重要性不言而喻；我们注重以一种切实可行的方式进行研究和设计，在当前各种现实问题复杂交织的情况下，通过织补性的工作，尽可能地达成既定目标。因而，在整个毕业设计的组织上，在中期之前 23 名同学分为空间和生活两个大组，进行历史资料的梳理、现状问题的分析、整体策略的建构等方面的工作，形成对张家湾地区更新发展的整体框架；之后则在整体框架基础上，对题目给定地段进行概念性设计，注重对空间特色和生活特色的回应，以期展示我们对张家湾特色的设想。

　　概括而言，通过上述的思路与方法，我们注意到漕运文化与清真文化在张家湾镇历史发展中的重要地位，是形成张家湾镇独特性的核心要素。据此，设计组提出了"激活运河两岸，感受古镇新韵"的总体构思和详细设计，强调突出以"水陆交通网络 + 四合院单元"为骨架的张家湾镇特色空间和公共生活网络，重塑全新的北方特色小镇。

The Banks of zhangjiawan town in tongzhou district, Beijing Key block city design

北京市通州区张家湾镇萧太后河两岸城市设计

——家·传

方案作者：王越　冯一淳

指导教师：兰旭　曾穗平　靳瑞峰　孙永青　朱凤杰

所在院校：天津城建大学

规划用地面积：103Ha

可建设用地面积：75Ha

设计思路：

　　北京市通州区张家湾镇在当今经济迅猛发展的历史趋势下，城市越来越难以承载空间拓展的要求，全国掀起了建设新城的高潮。与此同时，随着我国经济发展和城镇化水平的提高，城市用地已经难以满足城市发展用地的需求量，用地紧张，拆迁问题逐步成为热点话题，老旧的城市原貌已经难以保留，成片拆除、成片拆迁使得城市一味地向大城市、大都市、现代化发展，旧的、历史的、情感的东西越来越少，而且发展趋势不容乐观。本次设计意在基于北京市通州区新的上位规划以及水灾问题，运用海绵城市理论与规划设计手法，借鉴国内外优秀设计案例，改善和提升通州区张家湾镇原有的居住功能，提升当地居民的居住环境，真正以人为本，更新老城，保留原有的味道。

图1：师生合影照

　　我对于参加联合毕业设计这个事情，感到非常的荣幸。京津冀七校联合毕业设计为我们这样的大学生提供了很宽广的平台，从而接触到了规划界的各位专家学者以及其他院校的优秀毕业生们。交流和讲演之中实实在在地学到了太多的经验和知识，也看到了外面更广袤的世界。最后，预祝以后的每届联合毕设都能发挥其更大能量。

王越

合家有邻，独坐一院

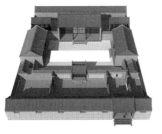

图2：四合院意向图

　　首先，我很荣幸地在本次设计中参加到了联合毕业设计组，有机会去接触到其他的学校和其他的同学，平时都是在自己的学校里和同学和老师交流，没有多少机会能了解其他的学校怎么去完成一个设计和方案，也是对自己的水平和设计能力有了一个更加清晰的认识。总之，很感谢这次联合毕设给我一个机会去锻炼自己，强化自己，使我获得未来发展道路上宝贵的经验。

冯一淳

家·传
老北京
LAOBEIJING

The Banks of zhangjiawan town in tongzhou district, Beijing Key block city design

北京市通州区张家湾镇萧太后河两岸城市设计

——家·传

· 整体规划思路：

本次设计意在基于北京市通州区新的上位规划以及水灾问题，运用海绵城市理论与规划设计手法，借鉴国内外优秀设计案例，改善和提升通州区张家湾镇原有的居住功能，提升当地居民的居住环境，真正以人为本，更新老城，保留原有的味道。

对于一个融合了北方文化、清真文化以及历史遗迹的多元文化地带，单纯的拆迁和商业规划、旅游规划不是这片区域最好的归宿。因此，我们的定位是还原其原有的那份历史印记，迁回迁出的居民，提升居住区，恢复历史区，改造商业区，留住最原始的味道和熟知。在轴线建立上，以水为轴，结合海绵城市，解决城市内涝问题。空间肌理和整体风格上，以北方四合院为主，建立全新北方特色小镇。

· 重点地段商业街改造方案的设计想法：

重点地段选择张良路地段，因为具有地块现状问题的代表性，格局混乱，质量较差，有很大的改造空间。

在改造的过程中，将传统历史文化的元素、痕迹和现代生活的空间与结构的结合改造是我们的最终目标。

对于街道的具体改造，商业空间由沿街渗透到街区内部。因为人车共行的道路选择沿街商业模式势必会拓宽道路，打破历史街区的街道尺度，影响到还原的效果。

在建筑空间的改造上，院落式建筑空间改造（北方具有代表性的建筑空间结构，北京四合院，标志性的属于当地生活）在景观步行流线上做法是渗透到街区内部并且相互串联。在院落与结构上主要根据街区的规模尺度来确定院落的尺度，从而确立一个合理的街巷空间。在场地与公共空间上注重竖向空间的层次开发来活跃院落式建筑平铺规整的结构，营造现代商业生活的氛围。关于商业空间的开发本质上是院落空间的商业开发，是满足商业的空间强度和利润需求，植入现代生活空间的切入点。

在建筑上通过传统院落功能空间的置换重组，来形成由居住为目的的内向空间结构向商业为目的外向空间结构的转变。具体做法：结合景观步行流线，形成贯穿的通道廊道从封闭到开放的变化，对于内部围合空间的利用，结合现代设计元素满足现代商业和生活需求。

Overall planning idea:

The design is based on new plans and floods in the tongzhou district of Beijing , using the foam city theory and the planning design technique, borrows the excellent from home and abroad design case, improves and promotes the existing residential function in zhangjiawan town, tongzhou district to raise the living environment of the local residents, the real people, update the old city, keep the original some flavor.

For a mix of northern culture, halal culture and historical relics in multinational culture, pure demolition and business planning and tourism planning are not the best end of the domain. Therefore, our position is to restore its original history mark, move back the resident, raise living area, restore the historical area, change the business district, for retaining the most primitive flavors. On the axis, the axis of water, combine sponge city to solve the problem of urban water logging. Spatial texture and overall style, based on the northern siheyuan, the new north feature town will be established.

Design ideas for the renovation of the main area of the high street :

The reasons are representative of the problem of the status of the plot, the pattern is chaotic and the quality is poor. There's lots of space for change. The combination of elements and traces of traditional historical culture and the space and structure of modern life.

Street: Business space is filtered down the street into the interior. Because the road of the people's car to the commonrow chooses the street business model to be sure. It will widen road and break down the streets of historic districts, affecting the effect of reduction. Architectural space: The construction space of the courtyard is transformed. Because the representative architectural space structure of the north, the Beijing quadrangle Iconic belongs to the local life.

The walk on the landscape is filtered through the block and connected to each other. In the courtyard and structure, the scale of the yard is determined by the size of the block to establish a reasonable street space. On the ground and public space, the development of vertical space will be developed to create the structure of the courtyard and the structure of the modern commercial life. On commercial space development is essentially a courtyard space of commercial development, to meet the demand of commercial space strength and profits, into the modern life space to start.

On the building through the displacement function of traditional courtyard space restructuring, to form the living for the purpose of space structure to the business for the purpose of extroversion introversion spatial structure change. The specific approach: combining with the landscape pedestrian flow, formed through the channel of corridor from closed to open for internal surround close space use, combined with modern design elements to meet the demand of modern business and life.

合家有邻，
独坐一院.

家·传

Family values · historical heritage

张家湾镇居住区与历史遗迹恢复改造

The residential and historic sites of zhangwan
are restored

总用地面积：103公顷
总建筑面积：825000㎡
容积率：1.1
建筑密度：51%
绿化率：33%
场地边界：

总平面图
Site Plan

家·传
老北京

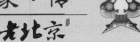

家·传
老北京

Family values · historical heritage　家·传

张家湾镇居住区与历史遗迹恢复改造

规划功能分析

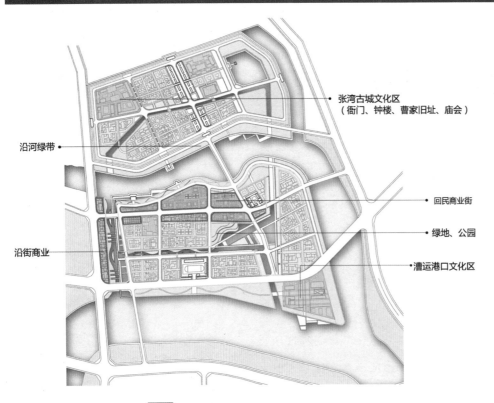

张湾古城文化区
（衙门、钟楼、曹家旧址、庙会）

沿河绿带

回民商业街

绿地、公园

沿街商业

漕运港口文化区

规划原则：还原

功能分区主要依据地块原有的功能来进行规划定位，基本以遵循历史为原则。

消失的历史进行历史的重建，现有的居住与商业功能进行整合和改善，提升居民生活质量。绿地完全依照海绵城市的手法来进行规划，与水道相辅相成，进行吸水、储水、排水的多重功效。

图例

● 商业区
● 居住区
● 历史区域
● 公共绿地

规划结构分析

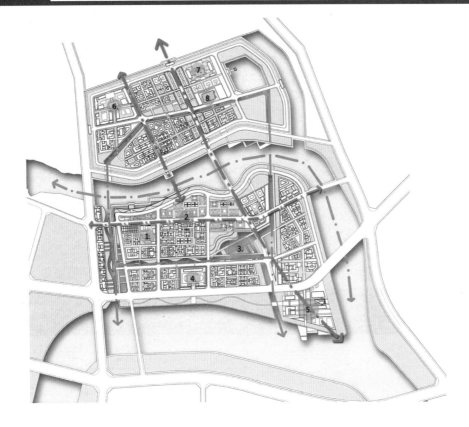

规划结构分析：

本地块的规划结构以一条南北走向的主轴和一条环形的水轴贯穿整个地块规划。

以轴线为串联，将保留建筑、公共空间等重要的空间节点依附在轴线两侧，形成很好的景观体系。

重要节点

1. 清真寺（保留）
2. 回民商业街（改建）
3. 中心湖公园（改建）
4. 民族小学（保留）
5. 下码头纪念广场（新建）
6. 曹家遗址纪念馆（新建）
7. 古城衙门（新建）
8. 鼓楼（新建）

图例

● 水景观轴
● 地面轴线
● 重要节点

合家有邻，独坐一院

家·传
老北京
LAOBEIJING

Family values · historical heritage 家·传

张家湾镇居住区与历史遗迹恢复改造

高程与水流走向分析

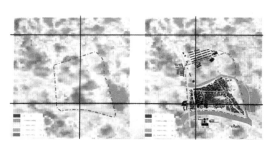

地块GIS分析图

水道规划原则：

· 完全按照地势高程来开辟水道、规划
大面积的水体景观。

· 尽量避免水系与道路形成锐角，避免
水系与道路的十字交口交汇。

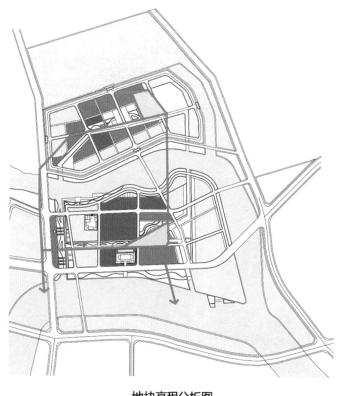

地块高程分析图

河道规划改造分析

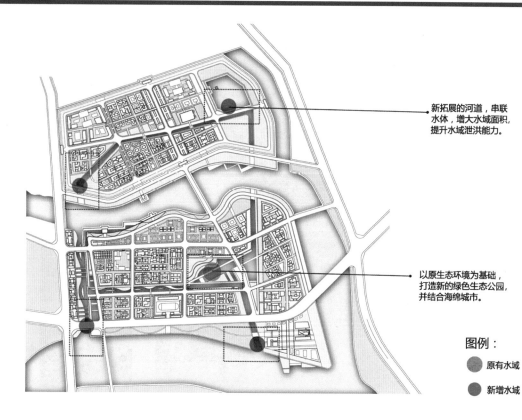

新拓展的河道，串联
水体，增大水域面积，
提升水域泄洪能力。

以原生态环境为基础，
打造新的绿色生态公园，
并结合海绵城市。

改造原则：

用新的水带贯
穿整个地块，串联
原有的水域，增加
新的水域交口，在
水域的交集处做绿
色生态公园，加入
海绵城市的技术，
既增加了公共活动
空间，也减轻内涝
灾害。

图例：

● 原有水域

● 新增水域

合家有邻，
独坐一院

家·传　　　Family values · historical heritage　家·传
老北京 LAOBEIJING　　　张家湾镇居住区与历史遗迹恢复改造

萧太后河两岸整体鸟瞰图

总体鸟瞰图

重点地块鸟瞰图

合家有邻，独坐一院

节点透视

1
2
3
5　4

家·传 Family values · historical heritage
张家湾镇居住区与历史遗迹恢复改造
The residential and historic sites of zhangwan are restored

家·传
老北京

重点地段分析——商业街

商业街在基地中的区位

在此次城市设计的方案中我们选择了商业街作为重点设计的地段，首先是因为商业街在这个方案中占据了一个比较重要的位置，无论是对于当地居民的生活方式还是我们所希望的改造设计思路都是一个很好的体现要素，商业街在设计上的自由度能够很好的表达设计理念。

道路：车行以及人行

建筑：传统院落的改造，商住混合为主

定位：服务内部居民，以现代生活为核心，传统文化作为风貌（界面、元素）

商业街改造思路

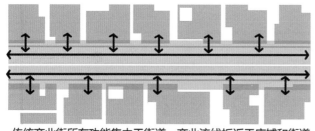

传统商业街所有功能集中于街道，商业流线折返于店铺和街道

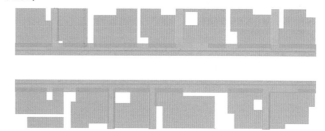

旅游性质的历史文化商业街景观浮于建筑沿街立面，缺乏生活空间

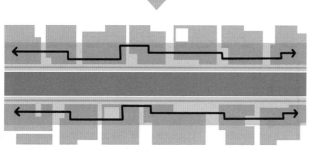

改造希望将商业流线渗透的商业建筑中去，解放出街道空间

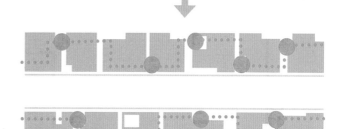

针对居民生活将景观和休闲空间结合，并且渗透进商业建筑和流线

重点地段分析——特色商业街

景观步行流线

这一部分的特点在于地下通道、下沉公园和立体式巷道的连接和结合，同时三种空间层次的交通流线相交汇，并且和院落式的商业空间融合到一起也是形成了一个良好的景观界面

节点 1

节点 2　这一部分是整个景观步行流线的核心区域，在院落式建筑屋顶上架设的休闲景观平台，以及过街的天桥使其在横向和竖向都有最大的跨度和观赏性

利用周边的绿地和建筑围合的区域，结合高差形成一个景观盆地

节点 3

考虑入口处狭长的地形特点，做一个具有装置艺术性质的步行通道

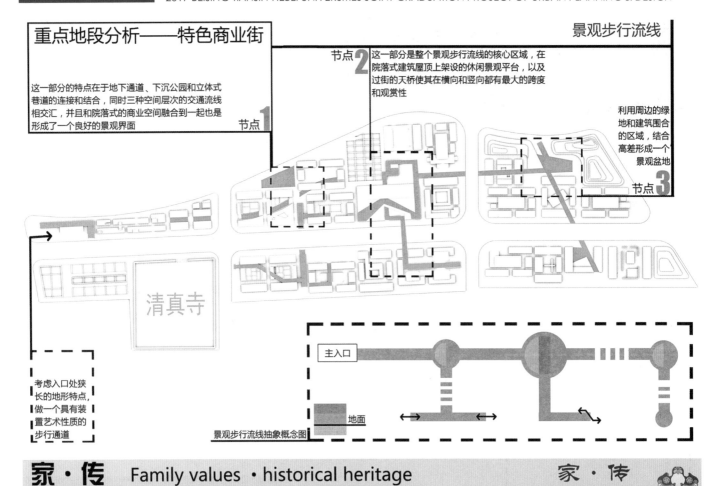

景观步行流线抽象概念图

家·传　Family values · historical heritage

张家湾镇居住区与历史遗迹恢复改造
The residential and historic sites of zhangwan are restored

家·传
老北京
LAOBEIJING

整条商业街是以院落空间为最基本的单元构成的关于院落的体量，其宽度控制在20~25m之间，进深控制在23~32m之间，在不适合安排院落的特殊地形中结合场地设计了一些独特功能的建筑，比如通道、大型市场、立体景观，提高了土地的利用，整体的结构是以块状的片区为主，强调平面上从院落到组团再到片区的规整和秩序，也是维护了院落式历史街区的形式上的传统风貌

院落与结构

景观绿化

TUNNEL　狭长通道

MARKET　大型综合市场

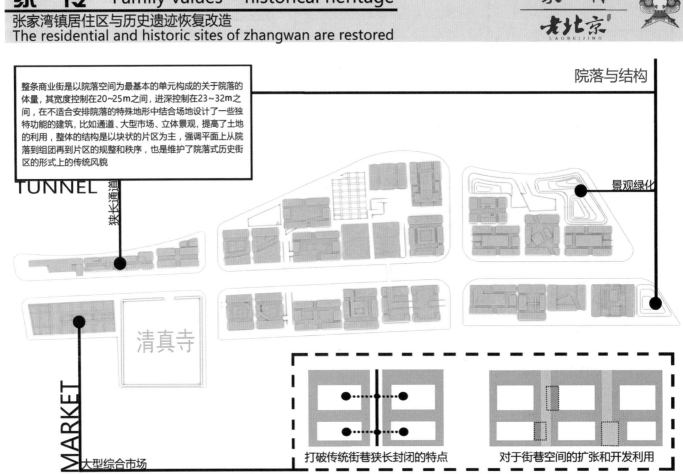

打破传统街巷狭长封闭的特点　　对于街巷空间的扩张和开发利用

传统院落改造思路

在本次方案中由于是历史文化街区的一个修复和再生改造,所以在建筑形式上既要满足历史文化风貌需求又要满足现代人们的生活和未来发展的趋势,所以我们选择历史建筑的改造作为主要的建筑形式,保留其框架和历史元素,在内部植入和改造现代生活需求的功能和空间结构。

之所以选择院落式的建筑作为改造的根据是因为基地的条件所决定的,基地位于北京通州区,四合院作为北方的特色建筑形式,也和当地的红学文化以及名俗文化相契合,而且院落式建筑独特的结构和空间布局也十分便于进行空间上的改造。

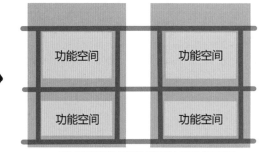

传统院落 　　　　抽象功能空间

重新组织功能 　　　　提取框架结构

建筑内部空间功能的重新组织 　　　　改造思路步骤

传统院落空间

交通与功能空间置换

形成网格状交通体系和块状功能空间

家·传 Family values · historical heritage

张家湾镇居住区与历史遗迹恢复改造
The residential and historic sites of zhangwan are restored

家·传
老北京 LAOBEIJING

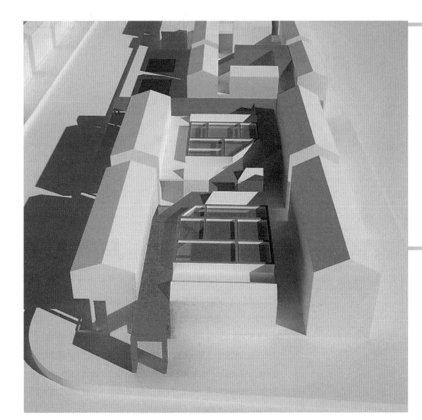

院落建筑的商业改造模式 NO1

设计意向及灵感来源

改造说明

利用封闭的廊道贯穿整个院落,和院落式建筑原有的回廊式交通流线形成强烈的对比和碰撞,使其更加符合商业建筑的交通流线特点,通道本身的功能和形态也能和内部空间相结合,从而创造出更多的空间模式,而且通道两端也能和院落组团中的巷道很好的联系起来,可以为整个组团甚至街区提供更加活跃的交通流线,其最主要的目的还是为人们提供一个更加快速便捷的步行通道,在拥挤的商业空间中快速通行,节约了步行交通的时间。

京 津 冀

2017 年城乡规划专业京津冀高校"X+1"联合毕业设计作品集
2017 BEIJING-TIANJIN-HEBEI UNIVERSITIES JOINT GRADUATION PROJECT OF URBAN PLANNING & DESIGN

院落建筑的商业改造模式 NO2

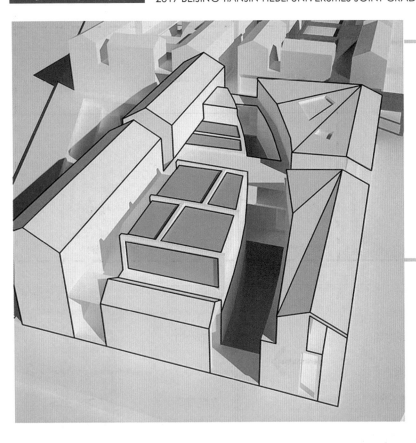

设计意向及灵感来源

改 造 说 明

下沉式的通道是对院落式建筑地下空间的一种开发方式，院落式的建筑受限于其独特的体量和形制，对于建筑的层高有一定的要求，一般不会高于两层，这样为了满足商业建筑高密度和容积率的要求，对于地下空间的开发自然而然就进入了思考的范围之内，院落式的建筑相比大型的商场和商业区，其体量还是较小，所以如果每一个院落的地下空间都是独立的话，其竖向交通空间会十分的臃肿，所以选择用地下的开放通道将其连接起来，优化交通。

家·传
老北京

Family values · historical heritage 家·传
张家湾镇居住区与历史遗迹恢复改造
The residential and historic sites of zhangwan are restored

院落建筑的商业改造模式 NO3

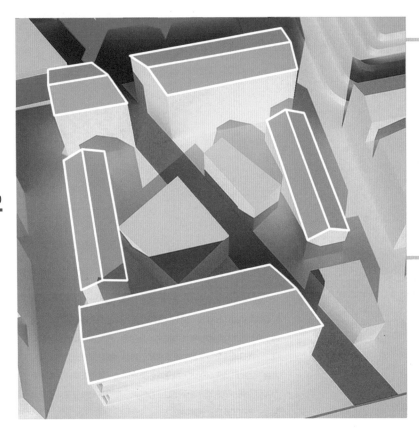

设计意向及灵感来源

改 造 说 明

将院落式的结构进行一个整体的切割，使围合式的空间转化为半开放式的空间，在保证院落整体大的结构格局不变的情况下，将其分割成不同体量和形式的各个部分，一个是增加商业建筑所需要的对外的人流和营业接触面积，另一方面不同的体量大小也能满足不同规模的商业需求，或者同一个商业中不同的功能分区要求，给业主提供了一个更加自由的选择方式，无论对于游览还是购物的人来说，也是增加了一种更加多元化的体验。

The Banks of zhangjiawan town in tongzhou district，Beijing key block city design

北京市通州区张家湾镇萧太后河两岸城市设计

方案作者: 马翠翠 范婷

指导教师：孙永青 朱凤杰 兰旭 曾穗平 靳瑞峰

所在院校：天津城建大学

规划用地面积：103Ha

可建设用地面积：75Ha

设计思路:

　　在《京津冀协同发展规划纲要》与新型城镇化的大背景下，北京市通州区也面临着新的城市空间的挑战，以2012年"721暴雨"中所暴露的居住、防灾、消防、生活环境的隐患整治为契机，重新挖掘张家湾的历史遗存文脉要素与自然环境资源，并整合村庄的特色要素，以打造张家湾特色文化古镇。故此次规划重在解决三大方面的问题，即对运河历史遗产文化保护、防灾与生态修复，以及重新唤回基地活力。

　　对基地原有要素的挖掘，我们得知张家湾的两大特色，即历史遗存与水系资源，文化遗存体现在漕运文化、红学文化与民俗文化，水系体系在萧太后河与凉水河。作为漕运古镇，张家湾兴之于水、衰之于水，现在，我们重新将"水"活化，提取基地内的水元素与主要运河文化元素，以此元素为节点，以水系呈环状串联南北片区基地，以"创"功能与"忆"水运文化相结合，复兴文化要素，打造具有特色的文化古城风貌，及富有古镇活力的滨水空间，焕发滨水空间的新活力。

图1：师生合影照

图2：滨水空间意向图

图3：四合院意向图

[创忆水岸 /活力中心] 生活 网络 体验
[北京市通州区张家湾镇萧太后河两岸城市设计] [Urban Design Fourteen of TongZhou District, Zhang town beside the Queen Mother River in Beijing City]

人文纽带　活力慢城
之城脉发展

京津冀

2017 年城乡规划专业京津冀高校 "X+1" 联合毕业设计作品集
2017 BEIJING-TIANJIN-HEBEI UNIVERSITIES JOINT GRADUATION PROJECT OF URBAN PLANNING & DESIGN

空间要素分析

桥：张家湾古城居民重要生活节点具有保留价值

张湾古槐：张湾古城育人精神，具有600年的悠久历史

驳岸与水闸：记载着萧太后河的变迁

水系：承载张湾运河文化

活力点分析

要素叠加

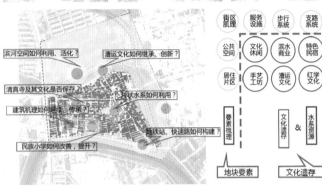

SWOT分析

S（strengths）—优势
1. 上位规划对该区域的定位
2. 地块毗邻北京环球影城，带来多类人群与产业，从而带动张家湾发展
3. 基地内有古建筑遗址，有相当浓厚的历史文化底蕴

W（weakness）—劣
1. 住宅与景观质量差、缺乏完善的配套服务设施，环境较差
2. 缺乏公共活动空间
3. 街巷、道路、市政薄弱

O（opportunities）机遇
"721暴雨"中受灾严重，村民改善现有居住和生活环境的愿望强烈，政府也极为重视，同时张家湾地区具有深厚的历史文化底蕴，为地块加快整治和改善突出历史文化营造了良好的环境

T（threats）—挑战
1. 处理绿化环境的系统性，将历史遗址保护和融入规划中
2. 强调生态环境
3. 功能、结构与开敞空间有机结合形成一个系统

城河体系范围划定

通过对张家湾镇基地范围内及周边历史沿革和资源的梳理，划定张家湾范围内通运桥、水系历史资源集中的地块。

基于现状调研及资料查找，通过理性分析，得到基地最大的问题是由于对特色遗存缺失保护与滨河水系缺乏治理，缺乏优质资源整合。

将历史资源集中地块与现状问题集中地块进行叠加，得出我们的研究范围即古城河体系。旨在充分发挥和延续张湾古城的历史特色，并在现状的基础上提出基地范围内，张湾古城未来的发展方向。

张湾古镇如何"抱着宝贝，背着包袱"，更好地走向未来？希望通过这个设计，我们能够提出一个可行性的方案，对张家湾镇未来的发展有所借鉴。

历史资源集中地块

现状问题集中地块

需求分析

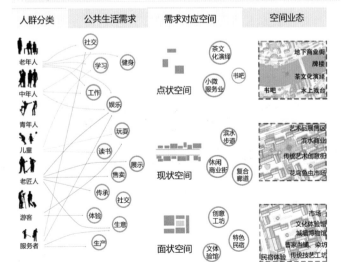

人群分类　公共生活需求　需求对应空间　空间业态

传统建筑空间街巷研究

 D/H=0.5 D/H=1 D/H=1.5 D/H=2

在街巷设计中，$1 \leq D/H \leq 2$是街道空间的最佳比例，但在现实传统建筑中，街道空间的比例一般为$0.5 \leq D/H \leq 1$。

街区平均值	乌镇		周庄		西塘		南浔	
	临河	不临河	临河	不临河	临河	不临河	临河	不临河
街道宽度D（m）包括河道宽度	11	2.6	12	2.8	12.5	2.8	11	2.7
沿街建筑檐口高度H(m)	5.3	5.1	5.3	5.3	5.2	5.1	4.5	4.5
D/H值	2.07	0.51	2.26	0.53	2.4	0.55	2.4	0.6

根据上表可得出比较普遍结论，不临河的街道D：H在0.5左右，产生静谧的感觉，而临河街道具有商业活动街区主要交通干道的作用，D：H多为1~2之间，空间有封闭能力而无建筑压迫感，空间紧凑显得繁华热闹。

设计方法

1. 突出区域一体、重视交往、延续特色的特点，确定合理的更新构架和策略。

2. 结合基地周边和基地内部现存状况，调整功能片区、强调功能联系、突出功能节点，打造功能混合、富于活力的空间。

3. 了解当地居民的行为特点，合理调整各种功能空间。

4. 充分利用滨水条件，保持滨水地区的吸引力。利用滨水地区的优势，形成连续的景观系统。

城市设计元素

连结　　　　公共广场

滨水景观　　　散步道

河道　　　　码头

项目定位

打造一个具有当地历史文化特色，以漕运古城为核心的新型旅游及生态景观文化特色区。主要以这些特色元素为基地的设计核心，以张家湾古城和长店老村为基础，以来重塑古城风貌，重点打造萧太后河红学文化走廊，打造凉水河、周边玉带河，形成具有地方特色滨水文化景观带。

案例分析

杭州梦想小镇

梦想小镇位于杭州市余杭区——未来科技城的核心地带，集互联网和基金产业于一身，打造功能完备、绿色生态、环境宜人的创业天堂，是现代青年人实现自我的圆梦之地。 东西两大创业组团内含六大产业部落，通过商业和开放空间走廊紧密联系，遥相呼应。

东部园区由仓前老街为核心纽带——衔接金融投资和数字创意部落，并与小镇先导区隔余杭塘河相望，形成人文型组团。

西部园区以综合服务中心为核心锚点，以博览交流景观轴为主轴空间——串联起电子商务、应用服务、软件和硬件四大产业部落，打造创新互动性产业组团。

三大开放空间轴线　博览交流景观轴　博览轴：营造交流空间　生态：营造生态居住空间　历史文化：保护建筑
　　　　　　　　　　　生态休闲景观轴　强化交通节点与CBD之间　强化基地内各组团联系　CBD示范性强化东西向联系
　　　　　　　　　　　历史文化景观轴

交通门户 TRAFFIC NODE

博览交流轴
生态休闲轴
历史文化轴

中央商务区 CBD CORE

可借鉴之处

1. 不同的功能分区将人们的生活全部集中在一起，从生活、工作、休闲、娱乐各个方面让人们都能在这一个小镇中有所体会。

2. 保留历史建筑，形成历史文化轴，将不同的分区巧妙地联系在一起。

3. 生活区与工作区，全部秉承着生态的理念，鼓励健康的城市生活。

4. 遵循可持续发展策略，根据当地特有的内涝问题，学习案例中的治理策略，从而更好地打造生态景观环境功能。

历史文化轴

历史轴利用沿余杭塘河的文化资源，将四无粮仓、章太炎故居和仓前古街连接。

博览交流轴

博览轴将打造各种交流空间，所有人均可以轻松地到达充满活力的城市滨水区，从而鼓励健康的城市生活方式。

生态休闲轴

生态轴是一个连通性强且灵活的规划结构，它建立了多个层次，有助于帮助人们修复和恢复生态净化系统，鼓励与大自然和复原生态的联系。

可持续发展策略

以原有自然水系为基础，串联场地内原有的分散生态元素，创造并恢复以水为源、向两岸场地扩散的可持续生态廊道。

运用梯级过滤，将净化后的雨水导入河道，减少地表径流对雨水的污染。

愿景

突出地块风貌特色——张家湾镇是一座具有千年历史的文化古镇，是通州区文化产业带建设的重要基区，千年漕运史为张家湾镇积淀了丰富的文化内涵。利用交通优势和自然环境、历史文化资源，建设基地特有的城市空间形象和城市特色，保护历史文化遗产，构建具有地块风貌特色的城市形象。

文化创意产业——以漕运文化（连镇游）为主、体验式旅游——造船博物馆、运河观光体验、特色商业、打造运河主题公园。
独具特色——结合水网自然资源，精心组织景观元素，形成与自然河网协调共生、具有特色的小镇。

街巷与水空间关系

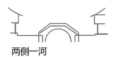  

两侧一河　　　　　一街一河　　　　　一街一河 骑楼　　　　　一街一河 廊桥　　　　　一街一河 水巷

　　水巷是行船的水道，在江南古镇传统街区内，水巷是主要水上交通，通常形成一河无街、一河一街、一河两街、前河后街等布局形式，并在水网处形成生活性节点，此次方案中仿江南水乡格局，以水巷串联基地各主要节点，形成网状布局形式。凯文·林奇认为水街巷 $W/H=2\sim3$ 可产生舒适的外部空间。

建筑院落组织分析

线性空间

建筑元素　　建筑呈线性　　建筑排列曲折变　　围合与线性空间　　节点空间的强化　　景观环境引入
　　　　　　延伸　　　　　化，成节点空间　　的组合

文化休闲娱乐片区

特色民宿片区

线性+院落空间组合

建筑元素　　元素呈线状　　元素重塑，形成　　沿街建筑与院落空间组　　水系的引入，　　景观环境引入
　　　　　　组合　　　　　二层院落空间　　合形成三层院落空间　　院落空间群组

漕运文化片区+传统工坊体验片区

院落空间组合

建筑元素　　单体围合　　单体呈组的围合　　群组围合呈单组院落式　　建筑群体的围合及节点空间的引入

红学文化片区

人文纽带　活力慢城
之城脉发展

生活 网络 体验

[创忆水岸 / 活力中心]

[北京市通州区张家湾镇萧太后河两岸规划设计] [Urban Design Fourteen of TongZhou District, Zhang town beside the Queen Mother River in Beijing City]

总平面图

N

图例
1 居住区
2 市民文化中心
3 小学
4 怡红院
5 景观节点
6 含芳阁
7 特色滨水商业街
8 迎牡丹
9 红香圃
10 观园主题广场
11 蓼溆
12 荇叶渚
13 雕塑
14 潇湘馆
15 创业展示馆
16 休闲购物区
17 字画斋
18 文墨馆
19 花架游廊
20 蓼风轩茶文化演绎
21 张家湾纪念馆
22 牡丹亭
23 大花枝巷
24 小花枝巷
25 花鸟港鱼
26 花鸟鱼虫市场
27 曹家染坊
28 曹家当铺
29 茂林修竹
30 风情文化街入口
31 水上戏台
32 紫陌红尘
33 藕香水榭
34 景观码头
35 运河文化长廊
36 古城墙展示区
37 曲径通幽
38 漕运文化广场
39 花架连廊
40 船轮广场
41 游船码头
42 牌楼
43 船锚花墙
44 船闸广场
45 纤夫主题广场
46 运河文化广场
47 帆船雕塑
48 运河商业街
49 传统技艺工坊
50 食品销售、展示
51 生活服务市场
52 长街
53 特色精品展区
54 客栈
55 艺术品展售区
56 传统艺术创意街
57 文化体验馆
58 滨水时尚休闲商业街
59 游客接待中心
60 船运一条街
61 官府衙门
62 工艺品展售区
63 工业创意工坊
64 滨水景观带入口
65 售票处
66 滨水景观带
67 景观草坪
68 停车场
69 张湾古塔
70 通济粮仓
71 漕运加工与展示区

技术经济指标：
总用地面积：75ha
总建筑面积：288000平方米
容积率：0.34
建筑密度：24.3%
绿化率：35%

骈阗水驿万艘屯　挽粟舟多人语喧。旗影轻飘
羊口路，橹声摇过凤翼村。枪棱高动涛
头响，沙岸圆留蒮眼痕。南望津沽
秋水阔，坎烟红叶拥黄昏

设计说明

张家湾镇积淀了丰富的漕运史文化，同时遗留下众多的运河文物古迹和传奇典故；同时，由于漕运兴起带来的红学文化与独特的民俗文化，这三种文化为张家湾的灵魂所在。本次地块位于通州区张家湾镇内，基地内主要特色体现在两个方面，即文化遗存方面，与水系自然资源方面。文化遗存方面主要围绕漕运文化、红学文化、民俗文化展开，此次规划主要以这些特色元素为基地的设计核心，以张家湾古城和长店老村为基础，以来重塑古城风貌，并给古城注入新的活力，以保护当地历史文化特色，以全新的风貌带动张家湾的发展。水系也成为张家湾的特色元素，重点打造萧太后河红学文化走廊，打造凉水河、周边玉带河，形成具有地方特色滨水文化景观带，基于此，形成"三轴、两带、一廊、多中心"的规划结构，通过对地块资源的整合以及人群的定位研究将地块划分为七个不同的功能区，分别为居住风貌区、文化娱乐区、特色商业区、特色民宿区、红学文化区、漕运文化区以及滨河生态景观区。形成三横三纵的路网格局。道路整体成方格网状分布排列，形成"两横三轴三带"的整体景观格局。

方案分析图

图例

规划结构分析图

三轴：南北一条发展主轴线，两条发展次轴，贯穿基地南北，串联了主要景观节点。
两带：指基地北侧沿红学文化商业发展带与基地南侧沿漕运文化区商业发展带。
一廊：指萧太后河与凉水河两岸形成的滨水生态景观廊道。
多中心：在交点处形成核心景观节点，形成一个多中心、多片区的结构。

道路交通系统图

通过对基地现状交通的分析，梳理现状道路，保留场地的重要道路，依据上位规划在现状的基础上完整场地内的道路体系，城市主干道、次干道和支路相互联系，最后形成三横三纵的路网格局。道路整体成方格网状分布排列，在地块内部组织了成完整系统的步行交通。

图例

功能分析图

结合规划地块现状，利用基地的独特优势，充分考虑各种功能布局，将地块划分为10个不同的功能区，分别为特色民宿区、红学文化区、漕运文化区、民俗体验区、居住风貌区、文化娱乐休闲区、滨河休闲区、漕运文化主题带、红学文化主题带、滨水商业街。

图例

景观结构分析图

规划地块内景观形成"一轴、三带、多点"的整体景观格局。一轴是指串联了重要景观节点以及属于历史文化遗产的通运桥和古城墙的主要景观轴线。三带分别为漕运文化景观带、红学文化景观带以及滨水生态景观带。多点即多个主次要景观节点。

方案分析图

图例
■ 主建筑组团规划
■ 场地环境规划

空间肌理分析图

条式、半围合的建筑组合形式形成城市肌理的图底，而文化特色区通过轴线控制和步行视线形成有序的空间序列。建筑主要采取传统四合院空间形式本质，商业步行街主要以线性的仿古建筑形式设计，并加以少量的围合建筑。

图例
◉ 步行开敞空间
● 组团绿地空间
◉ 滨河开敞空间
◯ 绿化开敞空间

开敞空间分析图

点状空间序列：建筑群内的点状空间、滨水广场是开敞空间系统中的基本单元。
带状空间序列：以区域内主要道路为载体，通过种植行道树等方式使街道两侧形成连续的带状共空间，同时，带状的步行路串联了各个景观节点，丰富了整体联系。
面状空间序列：以主要景观轴线作为主轴来设置面状的公共空间序列。

图例
---- 主要步行廊道
—— 滨水步行廊道
---- 次要步行廊道
◉ 步行开放空间

步行系统分析图

本次设计将水系引入地块，沿着水系设计环状滨水小路，以几个开放空间作为节点，设置滨水广场，增强轴线的联系，与步行街一起构建了基地内完整的步行交通系统。

图例
→ 主要景观轴线
↔ 滨河景观辐射
◯ 主要景观区域
┈► 次要结构节点
↔ 滨河景观带

景观视线分析图

规划地块内景观形成"一轴、三带、多点"的整体景观格局，一轴是指串联了重要景观节点以及属于历史文化遗产的通运桥和古城墙的主要景观轴线。三带分别为漕运文化景观带、红学文化景观带以及滨水生态景观带。多点即多个主次要景观节点。

京 津 冀

2017 年城乡规划专业京津冀高校"X+1"联合毕业设计作品集
2017 BEIJING-TIANJIN-HEBEI UNIVERSITIES JOINT GRADUATION PROJECT OF URBAN PLANNING & DESIGN

重要地段分析图

红学文化片区
20 蓼风轩茶文化演绎
21 张家湾纪念馆
22 牡丹亭
23 大花枝巷
24 小花枝巷
25 花鸟港鱼
26 花鸟鱼虫市场
27 曹家染坊
28 曹家当铺
29 茂林修竹
30 风情文化街入口

滨水商业街片区
5 景观节点
6 含芳园
7 特色滨水商业街

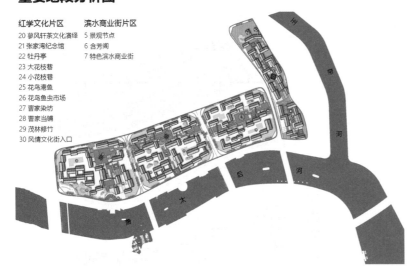

空间体系的架构
1. 以水系为骨架，串联各红学文化元素空间节点，集阁、亭、廊于一体，结合建筑围合。形成点线面的空间关系。
2. 水系为横向骨架，在水系基础上建立南北向街巷，形成一河俩测格局。
3. 建筑采用围合式与街巷式相结合。
4. 主要以步行体系为主。

红学文化片区节点研究

漕运文化片区
53 特色精品展区
54 客栈
55 艺术品展售区
56 传统艺术创意街
57 文化体验馆
58 滨水时尚休闲商业街
59 游客接待中心
60 船运一条街
61 官府衙门
62 工艺品展售区
63 工业创意工坊
65 售票处

滨水商业街片区
71 漕运文化区
14 潇湘馆
22 牡丹亭
30 风情文化街入口

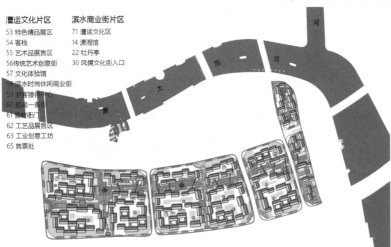

空间体系的架构
1. 以水系为骨架，串联各大功能片区，集漕运文化、创统工坊、休闲娱乐文化为一体，形成特色的创意商业街。
2. 水系为横向骨架，在水系基础上建立南北向街巷，将漕运文化元素驿站、官府衙门、通济粮仓复原。
3. 建筑采用围合式与街巷式相结合。

漕运文化区、民俗工坊体验区、文化休闲娱乐区与特色滨水商业街区

漕运文化带
38 漕运文化广场
39 花架连廊
40 船轮广场
41 游船码头
42 牌楼
43 船锚花墙
44 船闸广场
45 纤夫主题广场
46 运河文化广场
47 帆船雕塑

红学文化带
13 雕塑
31 水上戏台
32 紫陌红尘
33 藕香水榭
34 景观码头
35 运河文化长廊
36 古城墙展示区
37 曲径通幽

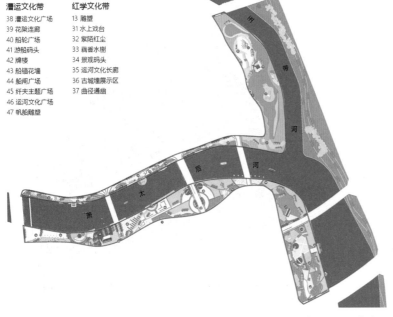

空间体系的架构
1. 以水系为脉，在南北两侧分别设置红学文化文脉带与漕运文化文脉带，沿水系走向布置多个节点，串联各文化要素。
2. 水系为横向骨架，在水系基础上采用对景方式将南北区块各节点联系起来，并分别向南北向延伸，北部片区形成红学文化区，南部片区形成漕运文化为主体的漕运文化片区、传统工坊区。
3. 漕运文化：帆船雕塑、船轮广场、纤夫主题广场。
4. 重塑水上戏台、文化长廊、水榭、廊、亭、景观码头。

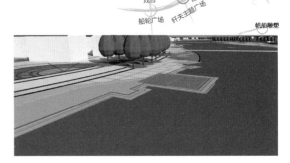

萧太后河两岸滨水空间研究

人文纽带　活力慢城
之城脉发展

[北京市通州区张家湾镇萧太后河两岸城市设计] [Urban Design Fourteen of TongZhou District, Zhang town beside the Queen Mother River in Beijing City]

生活 网络 体验

[创忆水岸 / 活力中心]

萧太后河两岸空间表现

萧太后河两岸滨水空间功能策划

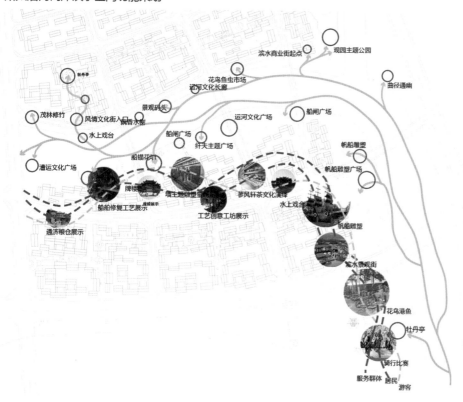

萧太后河两岸滨水空间节点展示

纤夫主题公园

船花广场节点

层的建筑节点

萧太后河两岸立面空间展现

北侧立面图

南侧立面图

指导教师感言

　　首先,很荣幸能代表河北建筑工程学院参加此次联合毕业设计,我校三位老师,老、中、青结合,指导四名同学,完成了两组毕业设计。设计选题是一个真实的项目,同时它也给了我们一定自由发挥的空间。身为指导教师,参加七校联合毕业设计,既感觉荣幸,又有些许压力,在三个多月的时光里,从帮助学生克服考研、毕业设计双线作战到带领学生奔波于京张两地调研,从牺牲了清明、五一两个假期指导学生完善设计到几次深夜还共同帮助学生组织汇报文稿,在这个忙碌的学期,我们付出了努力,也收获了快乐。

　　京津冀七校联合毕业设计,中国城市规划学会的全程指导,给了我们更多的交流学习机会,也搭建起了三地城乡规划专业相互促进、共同发展的平台。感谢北京工业大学团队的精心组织,首次联合毕业设计,各校统筹谋划、众志成城,全程既有指导老师的互动交流、也有学生的互动交流,还有师生、城乡规划学会专家、北规院专家、通州区领导的互动交流。多层次、多维度的交流,既开阔了学生的视野,增长了知识,也看到了不足,同时也为各校后续开展更多的教改、教研合作打下了良好的基础。

　　设计的过程总是困难而又短暂的,设计方案从无到有,再到一步步的完善,学生们付出了很多努力。不断的交流构思想法,不断地完善设计方案,从构思、草图、模型、成图、效果,看到自己的学生一天天进步,一天天成熟,我们老师也几乎忘却了时间,搁置了离别。但最终,毕业设计交图的时间还是如约而至了,虽然还有很多想法没来得及落实,很多细节没有完善,但终究通过学生近三个月的共同努力,较圆满地完成了毕设任务。感谢我们亲爱的学生,你们永远是老师心目中最棒的,祝你们四个在以后的研究生学习中,百尺竿头更进一步。

　　通过与各个学校师生的交流学习,我们的毕业设计在环境景观的生态化设计、公共空间与地域文化的结合等方面有了较大的进步。经过不断的方案讨论,我们也试图在城市更新过程中探索一种合理展示地域文化的功能组织模式,符合时代特性而又具有文脉延续的空间组织模式,具有较强可操作性而又不失风貌特色的开发强度控制模式等。

　　也感谢此次参加联合毕业设计的所有院校,多种教学思想、指导方法的碰撞,使各个院校能够共同进步。最后,祝愿京津冀联合毕业能够坚持下去,吸引更多的高校参加,取得更加优异的成果。

董仕君　崔英伟　王力忠
河北建筑工程学院

学生感言

董会贤：经过三个月的时间，我们完成了此次的联合毕业设计，虽然过程中有一些困难或者困惑，但是最终我们还是较圆满地完成了毕设的成果。在这三个多月的时间里，从对于张家湾的一无所知到对张家湾的了解，从现场踏勘到理念确定，从方案的修改到方案的完善，我取得了一次又一次的进步，对设计有了更深入的想法，对城市设计有了进一步的理解等。本次毕业设计能够圆满完成同时也离不开老师对我们的悉心指导，为我们的设计提供了更好的支撑；其次也离不开组员与我的协同合作，众人拾柴火焰高，团队的努力就是最大的动力。同时，也感谢这次联合毕业设计为我们学生提供了更好交流的平台，也为我五年的大学生活画上了完美的句号。

和培：很荣幸能够有机会参加 2017 城乡规划专业"X+1"京津冀联合毕业设计，经过三个多月的艰苦奋斗，参与了中期答辩、终期答辩等多次方案的探讨，最终取得了丰硕的成果。在这三个多月的时间里，我与我的小组成员共同努力，从最初的现场踏勘到资料的收集与整理，再到后来的方案形成，我们付出了努力，也收获了知识和经验。还记得方案设计中一次次的"僵持不下"，还记得出图时一次次的"不眠之夜"，但最终我们克服了重重困难，顺利地到达了终点。在这里我们也要对老师的悉心指导及宝贵意见表示感谢，正是他们的无私帮助，使我们在设计的过程中更快地成长。忙碌而又充实的毕业设计历程"一眨眼"就过去了，希望以后还能参加这种工作营模式的联合设计。

秦学颖：毕业设计是大学学习生涯中要完成的最后一个作业，我非常高兴能够参加此次联合毕业设计，回想我们做设计的过程，有过失落，有过成功，有过沮丧，有过喜悦，一路走来，收获颇多。经过前期的实地调研及分析，以及多次与老师进行沟通协调，形成了初步的规划意向及方案定位。随着方案的深化，如何在现代使张家湾镇在延续传统文化的同时，有所发展又不失其特色是我在设计中所考虑的关键问题。方案设计在不断的反复之中，不断的否定之中得到确认。

　　首先，要衷心地感谢指导教师，本次毕业设计是在老师的悉心指导和严格要求下完成的，毕业设计中的许多思想和方法得益于指导老师的指导和启发。设计能够顺利完成也归功于各位老师的认真负责，使我们能够很好地运用专业知识，并在设计中得以体现。

　　其次，在设计过程中，我通过查阅大量相关资料、与同学交流和自学，并向老师请教等方式，使自己学到了不少知识，同时也培养了我的设计及工作能力，相信对今后的学习工作有非常重要的影响。最后，我还深刻地体会到小组协作的重要性，规划工作是团队的工作，团队合作才能产生更好的效果。非常感谢各位教师和同学的帮助，让我能够顺利完成此次毕业设计，同时也希望自己在未来的规划道路上能够吸取这次的经验，成为更好的规划人。

徐雪梅：很荣幸参加了京津冀"X+1"联合毕业设计——北京市通州区萧太后河两岸城市设计，历经三个多月的时间，我们圆满地完成了本次城市设计。感谢京津冀"X+1"联合毕业设计为我们搭建了一个各校师生间深入交流的平台，我从中学到了很多关于城市设计的知识，同时专业素养也得到了很大提升。

　　在设计过程中，随着我们对基地的深入了解，在不断挖掘基地文化底蕴的同时，力图解决基地道路交通、功能结构、景观生态等方面的问题。虽然面临很多困难，但在指导老师的一次次的悉心指导下，我也逐渐豁然开朗。当然，方案的完善与深化也离不开团队成员们的通力合作。总而言之，在联合毕业设计的过程中，伴随着大家一路的心血与汗水，我们既收获了知识，也收获了友谊，这是一次痛并快乐的设计旅程。

释题与设计构思

释题

张家湾镇是一座具有千年历史的文化古镇，千年漕运史为张家湾积淀了丰富的文化内涵，众多的文物古迹和传奇典故形成了张家湾独特的文化氛围。张家湾因水而兴、沿河成巷、倚商成市，运河促进了其商业的繁荣，逐步形成了运河为中心的商业经济圈。站在世界及历史的角度看，张家湾应具有的魅力不仅在于现代商业的繁华与机遇，更多的是深厚的文化底蕴与浓郁的生活气息。"多元共生"应当成为该地区最为重要的规划理念，因此，在设计中应充分考虑如何在激发地块活力的同时又不失其文化特色，以文化为主线，以商业功能为基础，以科技创新为支撑，以高端人才、精品商业为动力，融合多元文化、服务多元人群、满足多元人群消费需求，力求打造一个充满吸引力和科技创新力的多元、活力、文化、商业街区。

规划结构和功能分区方面，地块的结构形态为"四横、三纵、多节点"，其中包括两条商业轴线、两条文化轴线和两条生态轴线。分别以商脉、文脉、水脉为骨架，梳理空间结构，由此产生商业、文化生态多节点的结构形式。并根据定位以及内部资源，将地块功能进行整合、延伸，划分为商务公寓区、酒店、创意办公区、文化体验区、传统商业区、民宿区、现代商业区、滨河绿地区八个分区，充分满足地块内功能，形成活力商业文化街区。

道路交通方面，首先对原有城市主干道张采路、城市次干道瓜厂路进行保留，并根据上位规划整理交通网，新建两条城市主干道，三条城市次干道，完善外部交通系统；并根据小街区＋密路网的原则调整地块内部道路密度，完善道路体系，创建"四横三纵"的内部交通网络；同时发展公共交通及慢行系统，完善综合交通。

绿地景观系统方面，构建滨河开放空间，利用主要公共空间串联景观节点，强化轴线景观；以河道为轴形成景观轴线，主要景观区为凉水河及玉带河沿河的绿地，通过主要景观区及萧太后河两岸滨河步道建立景观视廊；以水公园、水节点作为主要景观节点，以下沉广场、休憩广场为次要景观节点。由此形成湿地公园、滨河绿地、街区公园、道路绿带、社区绿地及广场六种绿地类型。

设计构思

方案一：依水　倚商　怡张湾　　设计者：董会贤　秦学颖

设计从张家湾的漕运文化入手，同时考虑张家湾位于通州以及通州位于北京所起的作用，以文化为切入点，最终确定了我们的主题为"依水倚商怡张湾"，利用张家湾的区位优势、资源优势及文化优势，将传统商业、文化商业及办公等不同形式商业置入，打造一个多元的文化商业街区，重塑地块活力。基地有萧太后河、凉水河和玉带河三面环绕，萧太后河岸北部为张家湾古城遗址，南部为居住区。本设计以通运桥、清真寺、传统商业街等为资源核心，以传统空间格局和院落为依托，挖掘、保护和发扬历史遗存的价值，重塑街巷空间、院落场地空间等公共空间，保留传统商业街，并将商业、码头、红学以及市井文化的功能进行延伸，打造以商业为主，集购物、休闲娱乐、居住生活、文化创意和商务办公于一体的多元文化商业区。同时营造立体空间，开发地下空间，形成文化记忆点。通过绿地和水系将不同功能进行联系融合，形成多元、一体的商业空间。

方案二：题目：梦，千年回首　忆，张湾华年　　设计者：和　培　徐雪梅

基地位于通州区张家湾萧太后河两岸，规划范围东至玉带河，西至张采路，北至规划路，南至规划路。总用地面积 78.9ha。

本次规划定位为文化旅游休闲小镇。共分为六个功能分区，包括传统居住区、现代商业区、文化休闲区、创意办公区、酒店 SOHO 区、运河生态区。方案将原有居民部分迁出，保留部分居住功能。主要片区为文化休闲区，通过民俗体验、回民特色美食、文化展示等打造文化特色，并为基地注入活力。北部的酒店区提供接待功能。运河生态片区结合三条水系，规划运河公园，融入文化体验功能。

规划交通策略，运用密路网、微循环的理念，形成完善的"三横三纵"道路网络。同时规划慢行系统，联系各个功能片区。生态策略运用海绵城市理念，通过规划生态水池、雨水花园、吸水砖、绿化带等吸收雨水，规划市政管网排放雨水，解决基地的内涝问题。公共空间策略，规划多个空间节点，以街道空间串联各个节点。其中，主要的节点为南部的生态水塘空间以及北部的红学文化广场空间。

通过规划设计，旨在达到挖掘基地文化底蕴，利用文化特色吸引人流，打造成具有漕运特色的、充满活力的文化休闲小镇。

依水 倚商 怡张湾——背景及理念

研究框架

基地分析
- 人居环境
- 道路交通
- 基础设施
- 公共空间
- 历史资源

防洪问题　滨河空间消极
空间环境差　设施落后
文化缺失　活力不足

背景分析
- 区位分析
- 历史沿革
- 文化特色

商贾云集　商铺林立
繁华码头　运河重点
古张家湾城

塑造活力空间 — 空间策略
营造安宁街区 — 交通策略
融合商业文化 — 文化策略
完善生态系统 — 生态策略

→ 规划方案

张家湾
多元文化商业街区

张湾优势

■ 区位优势

■ 文化优势

漕运文化
运送漕粮 — 商业文化
商贾云集 — 红学文化
流动商贩 — 民俗文化
市井文化
船只交错 — 宗教文化

发展背景

■ 通州——北京副中心

通州成为北京的副中心，正逐步走向开放、包容、多元。

■ 通州区商业分布

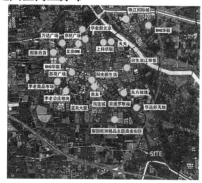

通州区商业以传统百货、超市卖场及小商品市场为主，业态以满足生活基础性消费、便捷消费为主，业态较单一，缺乏主题。

■ 资源优势

丰富的水资源，凉水河、萧太后河和玉带河三河环绕；

通运桥、古城墙以及清真寺历史悠久；

曹雪芹小时候居住于此，曹家井、曹家当铺的遗址仍在张家湾留有痕迹。

凉水河　萧太后河　曹家当铺
通运桥　古城墙　曹雪芹　清真寺

现状问题

- 内涝成灾，防洪问题严峻
- 空间形式单一，环境差
- 空间活力不足，利用率低
- 文化特色缺失，忽视文脉延续

引发思考

现状缺乏特色
难以延续文化
→ 如何利用历史文化资源，传承历史文化，展现文化特色？

现状缺乏机遇
难以与周边竞争
→ 如何利用环球影城等机遇，提升张家湾自身影响力？

现状缺乏活力
难以重塑繁华
→ 如何激发地块活力，打造繁华的运河终点？

案例分析

日本濑户川农村

借鉴意义：
注重文化的传承和文脉的延续；
注重整体风格的统一；
村民与政府的共同参与。

新加坡克拉码头

借鉴意义：
依托水系资源，延续原有商业氛围；
有保留地利用、改造传统设施；
围绕商业休闲，打通相关产业链。

规划理念和定位

■ 规划定位

 融合多元文化
传统文化　现代文化　漕运文化
红学文化　市井文化　……

 服务多元人群
不同年龄　不同职业　不同目的……

 实现多元消费
文化消费　娱乐消费　体验消费
生活消费　……

■ 规划定位

多元、活力
文化、商业街区

以文化为主线，以商业功能为基础，以科技创新为支撑，以高端人才、精品商业为动力，打造一个充满吸引力的多元、活力、文化、商业街区。

■ 规划目标

多元消费

文化体验

创意休闲

创意办公

充满历史记忆的运河终点；

充满生机活力的商业市肆；

充满活力的现代文化休闲街区；

充满诗情画意的临水商业空间。

交通发展策略

依水 倚商 怡张湾——规划策略

1. 现状道路评价

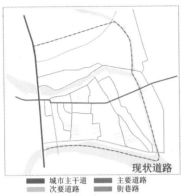

现状道路

█ 城市主干道　█ 主要道路
█ 次要道路　█ 街巷路

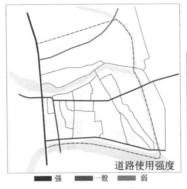

道路使用强度

█ 强　█ 一般　█ 弱

现状危机	未来目标
乱、弱、堵、荒	发展生态交通 构建高效交通网

小环路 + 密路网

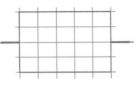

路径1：梳理路网　整理地块

路径2：公共交通 + 慢行系统

2. 梳理交通体系

█ 城市主干道　█ 城市次干道　█ 内部主要道路　█ 地上停车场　→ 地上停车出入口

3. 发展公共交通

----- 公交线路　◉ 公交站点　○ 公交站点服务范围

4. 置入慢行系统

█ 城市步行道　█ 内部主要步行道　----- 内部次要步行道
█ 半地下步行街　----- 滨河景观步行道　|||| 台阶

────── 自行车路线　◎ 自行车租赁点　○ 自行车停靠点

5. 丰富街道景观

■ **地块街道**：形成具有特色的连接开敞空间的舒适街道。　　■ **滨河道路**：形成令人愉悦的适宜人步行与交往的景观性道路。

生态绿地策略
1．连通水系

■ **水体交换：** 改变地块内水塘与周边河流互不联系的现状，通过生态上"水"的联系，形成一条串联地块内外绿色空间的纽带。

■ **生态介入：** 以"水脉"沿线为生态水处理核心，以水塘和公园为生态水处理节点，打造水处理廊道，并连通周边地区。

2．重构景观系统

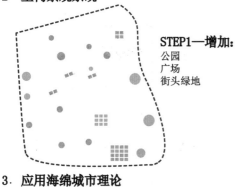

STEP1—增加：
公园
广场
街头绿地

STEP2—连接：
视线通廊
景观道
慢行道

景观规划

3．应用海绵城市理论

■ **渗**—加强自然的渗透，把渗透放在第一位。　■ **蓄**—尊重自然的地形地貌，使降雨得到自然散落。　■ **滞**—延缓短时间内形成的雨水径流量。

透水铺装　节能建筑

蓄水池

雨水花园

活力再造策略
1．元素整理—留建结合

建筑质量

建筑高度

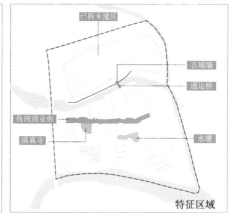
特征区域

好　较好　一般　差　　　好　较好　一般

保护建筑
保留改造建筑
拆除建筑

建筑综合评价

依水 倚商 怡张湾——规划策略

■ **改造策略**

院落改造：针对体量过大、组合杂乱的建筑进行改造，形成传统院落格局。

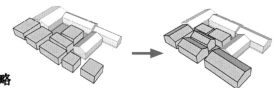

■ **更新策略**

建筑更新：将综合评价较差、功能不适宜的建筑进行拆除更新。

2. 激发活力—多元共生

■ 多元人群

单一目标人群 ➡ 多元目标人群

服务**多元**人群 ➡ 满足**多元**消费 ➡ 创造**多元**空间

■ 多元行为需求

商家　游客　创业者　居民　儿童 青年人 老年人

售卖　生产　文化传承　展示　住宿　购物　生意　工作　娱乐　社交　体验　玩耍　休闲　生活　学习　休憩　健身

■ 多元空间需求

作坊　店面　办公室　公寓　工作室　商场　展厅　广场　花园　健身房　水池　集市

商家　创业者　游客　青年人　儿童　老年人

点状空间　店面　商场　创意办公室　文化展厅　工作室

片状空间　入口广场　滨水游憩区　创意集市　自然活动带

线性空间　滨水步行道　文化展示走廊

文脉延续策略
1. 文化挖掘—脉络建构

商业分析　手工摊点　百货商店　清真美食　清真美食

传统文化分析　曹家当铺遗址　通运桥　传统民居　清真寺

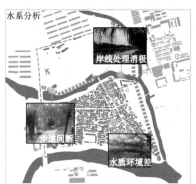
水系分析　岸线处理消极　步移间断　水质环境差

商脉　商业发展主轴

文脉　核心文化圈

水脉

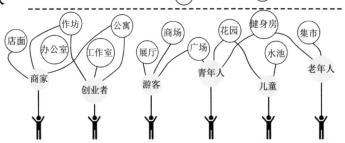

2. 脉络延续—功能延伸

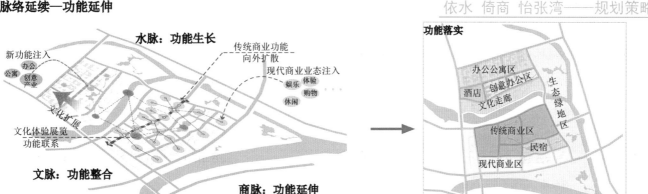

水脉：功能生长

新功能注入
办公
公寓
创意
产业

传统商业功能
向外扩散
现代商业业态注入
娱乐 体验
购物
休闲·····

文化扩展

文化体验展览
功能联系

文脉：功能整合

商脉：功能延伸

功能落实

办公公寓区
创意办公区
酒店
文化走廊
生态绿地区

传统商业区
民宿
现代商业区

3. 创建智慧街区
■ 对接智慧新城

■ 融入智慧设施
智慧交通

智能基础设施

云
云计算、大数据

网
互联网、物联网

端
终端、APP

新基础设施

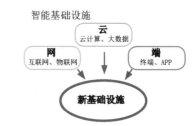

空间营造策略
1. 院落空间
■ 院落格局演绎

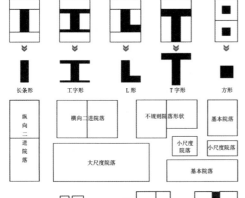

长条形　工字形　L形　T字形　方形

纵向二进院落　横向二进院落　不规则院落形状　基本院落

小尺度院落　小尺度院落

大尺度院落　基本院落

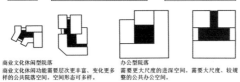

商业文化休闲型院落
商业文化休闲功能需要层次更丰富、变化更多样的公共院落空间。院落形态可多样。

办公型院落
需要更大尺度的进深空间。需要大尺度、较规整的公共办公空间。

STEP1：地块传统院落肌理提取

地块民居院落空间形式上既有一般院落的基本形制，同时又有其自身的基本属性，通过梳理总结其院落的肌理，作为本次院落形态拓展和组织的基础单位。

STEP2：院落空间提取与拓展

提取的院落空间包括长方形、方形、T字形及通过组合形成多类型的院落公共空间。

规划中希望整体院落是多样而丰富的，结合不同功能和项目需求，可在基本院落的基础上进行院落组合，形成横向、纵向多进的院落空间，满足不同的需求，形成丰富的院落空间形态。

STEP3：功能要求对院落形态的修正

空间的最终目的是满足功能的使用要求，因此结合本次规划中所确定的功能业态进行院落形态的空间修正。

2. 滨水空间
■ 外向型滨水空间

滨河步道　亲水平台　观景广场　湿地公园

■ 内向型滨水空间

打通景观视廊
使地块内部体验到良好景观

建筑围合采取半开敞式
为获得更丰富的滨水空间

景观水道
为取得更好的亲水效果

3. 连接空间

丰富长街空间——增强购物及展示空间联系

创造停留空间——提供展示交流场所

117

京 津 冀

2017 年城乡规划专业京津冀高校 "X+1" 联合毕业设计作品集
2017 BEIJING-TIANJIN-HEBEI UNIVERSITIES JOINT GRADUATION PROJECT OF URBAN PLANNING & DESIGN

城市设计导则

依水 倚商 怡张湾——城市设计导则

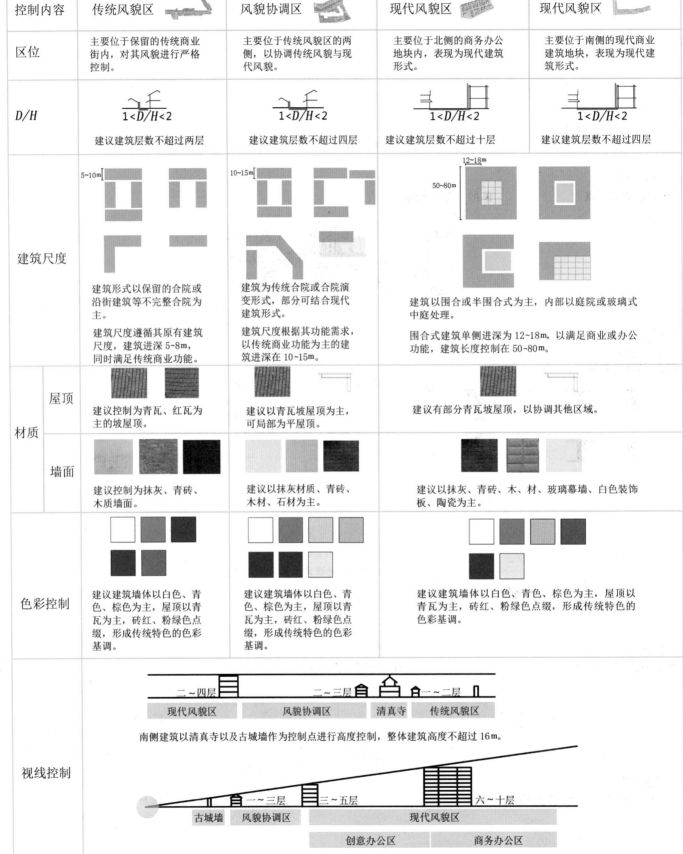

控制内容	传统风貌区	风貌协调区	现代风貌区	现代风貌区
区位	主要位于保留的传统商业街内，对其风貌进行严格控制。	主要位于传统风貌区的两侧，以协调传统风貌与现代风貌。	主要位于北侧的商务办公地块内，表现为现代建筑形式。	主要位于南侧的现代商业建筑地块，表现为现代建筑形式。
D/H	$1<D/H<2$ 建议建筑层数不超过两层	$1<D/H<2$ 建议建筑层数不超过四层	$1<D/H<2$ 建议建筑层数不超过十层	$1<D/H<2$ 建议建筑层数不超过四层
建筑尺度	建筑形式以保留的合院或沿街建筑等不完整合院为主。建筑尺度遵循其原有建筑尺度，建筑进深5~8m，同时满足传统商业功能。	建筑为传统合院或合院演变形式，部分可结合现代建筑形式。建筑尺度根据其功能需求，以传统商业功能为主的建筑进深在10~15m。	建筑以围合或半围合式为主，内部以庭院或玻璃式中庭处理。围合式建筑单侧进深为12~18m，以满足商业或办公功能，建筑长度控制在50~80m。	
材质 屋顶	建议控制为青瓦、红瓦为主的坡屋顶。	建议以青瓦坡屋顶为主，可局部为平屋顶。	建议有部分青瓦坡屋顶，以协调其他区域。	
材质 墙面	建议控制为抹灰、青砖、木质墙面。	建议以抹灰材质、青砖、木材、石材为主。	建议以抹灰、青砖、木、材、玻璃幕墙、白色装饰板、陶瓷为主。	
色彩控制	建议建筑墙体以白色、青色、棕色为主，屋顶以青瓦为主，砖红、粉绿色点缀，形成传统特色的色彩基调。	建议建筑墙体以白色、青色、棕色为主，屋顶以青瓦为主，砖红、粉绿色点缀，形成传统特色的色彩基调。	建议建筑墙体以白色、青色、棕色为主，屋顶以青瓦为主，砖红、粉绿色点缀，形成传统特色的色彩基调。	

视线控制

二~四层　二~三层　一~二层

现代风貌区　风貌协调区　清真寺　传统风貌区

南侧建筑以清真寺以及古城墙作为控制点进行高度控制，整体建筑高度不超过16m。

一~三层　三~五层　六~十层

古城墙　风貌协调区　现代风貌区

创意办公区　商务办公区

以游客视点与古城墙连成的线作为视线控制北侧建筑高度，风貌协调区的建筑不超过12m，现代风貌区的建筑高度不超过50m。

规划总平面图

图　例

1. 公寓	19. 民俗展览
2. 商务办公	20. 传统商业街
3. 特色酒店	21. 清真寺
4. 创意办公	22. 回民商业街
5. 创意工作坊	23. 手工艺体验
6. 滨河公园入口	24. 休憩广场
7. 文化体验馆	25. 水广场
8. 书院	26. 商业
9. 交流广场	27. 民宿
10. 古城墙	28. 清真美食
11. 文化展览馆	29. 茶楼
12. 古城门	30. 商场百货
13. 通运桥	31. 精品商业街
14. 码头	32. 滨水广场
15. 入口广场	33. 生态湿地
16. 滨河步道	34. 滨水公园
17. 码头创意集市	35. 停车场
18. 民俗体验	

经济技术指标

总用地面积：	78.9ha
总建筑面积：	64.7 万㎡
容积率 ：	0.82
绿地率 ：	47%
建筑密度 ：	20%

鸟瞰图

节点透视图

台阶活动空间

城墙活动空间

入口下沉广场

119

规划背景与基地概况

梦，千年回首 忆，张湾华年

区位分析

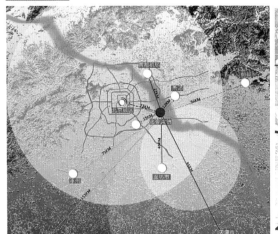

交通及经济区位

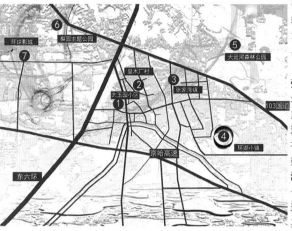

张家湾地理位置重要，其辐射范围非常广泛，京津冀城市或多或少都会受到其影响。其所具有的影响已经具有战略层次的意义。张家湾周边有 103 国道、北京东六环、京哈高速等重要等级的道路通过，交通极其便利，张家湾周边有环球影城、环湖小镇、梨园主题公园等对于张家湾本身的经济发展、有着一定的带动作用，再加上通州为北京的城市副中心，其经济区位愈加明显。

张家湾功能定位

本次规划范围位于文化旅游板块，因此三条水系及历史文化将有巨大的发展潜力。

客流分析

- 北京市旅游资源丰富，旅游业总体运行良好。年均接待旅游总人数 2.73 亿人次。

- 通州文化旅游区发展势头良好，包括环球影城等将吸引大量人流。这将为张家湾的发展带来机遇。

- 综合以上分析，张家湾吸引人群主要包括：周边居民、北京市其他各区人口、其他各地区旅游人口（附近省市人口、其他省市人口）、外国友人。

外来游客   市区居民   基地及周边居民

规划动因

环境条件恶劣，通州发展机遇

- 通州作为北京副中心，具有良好的发展前景。
- 张家湾镇的张家湾镇村等六个村环境差，居住、防灾、消防等安全隐患诸多。

规划目标

复兴漕运古镇，重焕基地活力

通过对基地的分析，规划将张家湾打造成漕运文化特色小镇。保留部分居住以保持地块活力，并引入文化、商业、娱乐等功能。借助于通州区的发展机遇，重塑漕运古镇的特色，并注入现代活力。

规划目标

漕运特色，文化体验，旅游休闲

这里既具有历史的痕迹，又有现代的元素；既是居民的，又是游客的；既是旅游的，又是购物的，这里应该是多元的、生态的。

现状问题与问题总结
综合现状图

梦，千年回首　忆，张湾华年

太玉园小区

张湾村小学

通运桥

古城墙

商业街

清真寺

民族小学

通运桥

玉带河

古城墙

民居

清真寺

主要问题

历史地区陷入发展困境
自动造血？
周边带动？

基地内易受洪涝灾害
垫高地坪？
雨水吸收？

历史遗迹　体验需求
院落住宅　功能更替
凌乱空间 错位
文化延续
存在规划更新需求
传统街巷　交通需求
老旧街区　现代需求

机动交通割裂基地
车辆停放侵占街道空间　基地内缺少有效的车辆阻碍人行

SWOT 分析

优势（S）

深厚的文化底蕴；
优越的区位及交通条件；
三水环绕的生态景观资源。

劣势（W）

基地内现状居民较多，拆迁问题
严峻。
生态保护及防洪排水问题需统一
考虑。

机遇（O）

小城镇建设的政策背景；

通州内文化旅游发展趋势良
好，将会带动基地的发展。

挑战（T）

如何弘扬张家湾历史文化特色，
吸引人群，将成为张家湾发展的
一大难题。
如何在营造历史文化特色的同时激
发基地活力，具有很大的挑战性。

规划策略

交通策略 —— 疏散交通，重焕活力

多条道路分散交通   多条道路分散交通

＋

密路网 微循环   构建步行体系 打造慢行活力街区

快速
限速
人行
限速

2. 多种交通方式并存与转换

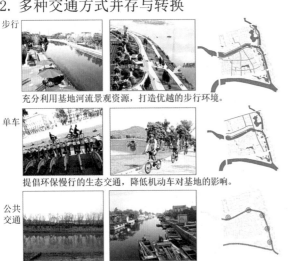

步行
充分利用基地河流景观资源，打造优越的步行环境。

单车
提倡环保慢行的生态交通，降低机动车对基地的影响。

公共交通
利用凉水河、萧太后河发展水上交通。

基于文化需求进行空间生产，激活旅游、商业、文化空间

红学文化交流   创意工作室
剪纸文化展示
戏曲表演
手工艺传习   民宿休闲
特色商业街

文化策略实施

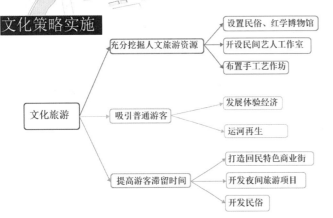

充分挖掘人文旅游资源 → 设置民俗、红学博物馆
→ 开设民间艺人工作室
→ 布置手工艺作坊

文化旅游 → 吸引普通游客 → 发展体验经济
→ 运河再生

→ 提高游客滞留时间 → 打造回民特色商业街
→ 开发夜间旅游项目
→ 开发民俗

梦，千年回首 忆，张湾华年

1. 快慢分级

—— 主要车行路   30km/h 限速
20km/h 限速   15km/h 限速

在基地内进行车行限速管理，通过各种方式限行达到内部交通的有序进行。

文化旅游策略 —— 传承历史，资源经营

古城墙   通运桥
清真寺
民族小学

历史文化资源 —— 非物质文化

民俗   工艺品   红学文化   漕运文化
小年会   剪纸   中国传统文化
摔跤子   青铜复制与制作   曹雪芹及曹当铺   张家湾具有悠久的漕运文化，底蕴深厚

游览路线

生态创意路线
身体验休闲
创意办公   生态湖泊
历史展览
文化体验路线   展馆体验
红学体验
休闲垂钓   生态休闲路线
民俗展示   生态水坝
入口广场
古井体验   京杭绿化
合院展示   代际体验
手工作坊   文化商业路线
市井生活路线

梦，千年回首　忆，张湾华年

规划策略

文化旅游策略——传承历史，资源经营

民俗体验路线

规划民俗体验路线，充分展现张家湾的民俗特色。包括剪纸作坊、青铜器制作工坊、戏剧展示舞台等。并通过空间的转换来实现街巷空间的空间多变。

市井生活路线

在保留、改善的居住片区内规划市井生活路线。通过街巷空间、组团广场、居住院落来展现张家湾的市井生活。

新建传统院落民居片区，在片区间引入更多的广场等开敞空间以及活动中心，以营造一个集休息、娱乐一体的民居区。

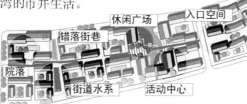

空间演化策略

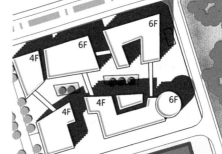

"L"形空间院落　　"口"形空间院落　　"工"形空间院落　　"T"形空间院落

现代空间院落
现代半围合空间院落

在现代建筑空间中仍以院落为组织形式

异形空间院落

大尺度空间院落

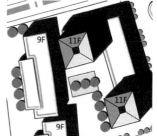

建筑功能更新

引入新的建筑功能，包括商业、文化等，以提高建筑使用率

原有院落功能——居住

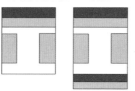

功能植入

居住 + 商业

居住 + 文化

文化展示

沿街商业 + 文化

123

规划策略

生态绿化策略——提升运河功能、丰富网络水系

梦，千年回首　忆，张湾华年

完善绿化系统

现状绿化缺乏且分散，不成体系　完善点状绿地，引入节点绿地，营造面状绿地　构建绿化网络，营造绿色活力空间

创建绿色街道

结合海绵城市，多层次绿化

建设雨水花园

雨水期吸水蓄水　　　　干旱期作为绿化景观

吸水砖、绿化带吸水

124

强化滨水公共空间设计

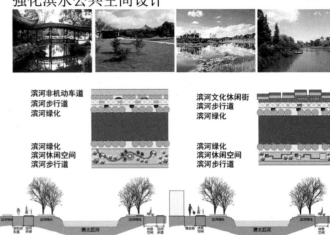

滨河非机动车道　　　　滨河文化休闲街
滨河步行道　　　　　　滨河步行道
滨河绿化　　　　　　　滨河绿化

滨河绿化　　　　　　　滨河绿化
滨河休闲空间　　　　　滨河休闲空间
滨河步行道　　　　　　滨河步行道

完善沿河绿化，并引入公园绿化、水系绿化

营造多形式绿地

三角形绿地空间　　梯形绿地空间　　矩形绿地空间　　方形绿地空间

多层次绿化

屋顶、墙面绿化

湿地公园缓冲雨水

总平面图及分析

总平面图

梦，千年回首 忆，张湾华年

设计说明

　　基地位于通州区张家湾镇村萧太后河两岸，规划用地面积78.9ha。基地历史底蕴深厚，但现状环境破乱，亟待改善。

　　本次规划主题为文化旅游休闲小镇。保留部分居住功能，引入文化、商业功能，充分挖掘基地文化底蕴，营造多种形式文化休闲，激发基地活力。

主要技术经济指标
规划用地面积：78.9ha
总建筑面积：492600㎡
建筑密度：20%
绿地率：35%
容积率：0.62

方案生成

STEP 1　梳理道路交通
—— 主要道路
—— 次要道路
—— 支路

STEP 2　保留+改建+新建
保留建筑
改建建筑
新建建筑

STEP 3　完善绿化水系网络
广场
公共绿地
公园绿地
街头绿地

STEP 4　公共空间相互联系
主要公共空间

功能分区分析图

景观结构分析图
主要景观节点
次要景观节点
主要景观轴线
次要景观轴线
沿河景观渗透

道路交通分析图
主要道路
次要道路
支路
地上停车
地下停车
地下停车范围
公交站点

慢行系统分析图
慢行路线
人流集中点
单车租赁点

基地鸟瞰及节点透视

基地鸟瞰

梦，千年回首　忆，张湾华年

节点透视

创意工作街区

宜人农家庭园

滨河文化休闲街

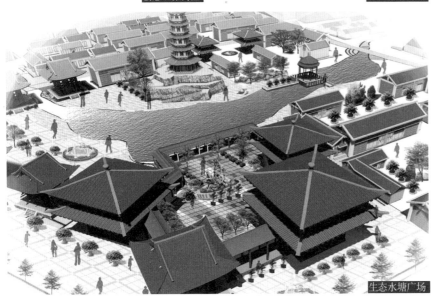
生态水塘广场

清真休闲广场

特色商业街

指导教师感言

"X+1"京津冀联合毕业设计在终期答辩后拉上了帷幕。各个学校的学生都十分优秀，也都为之付出了相当多的努力。我们河北农业大学的三位学生也不负众望，在最终的结果中也取得了令人满意的成绩。

回首这段准备的时间，作为指导教师，我们感慨万千。从2011年1月下旬第一次到北京工业大学参加开题报告大会，到5月26号最后一次汇报结束，将近4个月的筹备让我们从中学到了很多。这是一次非常有意义的学术活动，选题是实际项目——北京通州区张家湾镇萧太后河两岸地段，这对"京津冀"参赛的学生非常合适。其次是参赛的七所院校，覆盖京津冀范围又各具地方特色。最后，这是京津冀地区七所高校首次携手合作，这对加强未来各院校联系有十分积极的推动作用和重要的时代意义。

在这次难忘的联合毕业设计实践中，我们带着学生们到现场进行调研，一次次的开会讨论，在他们制作展板、汇报成果过程中一次次地观摩并提出改进建议，我们能够感受到不同观点交融时候产生的对抗和灵感，有时候我们各持己见、争论不休，有时候我们为交流讨论过程中出现新的想法而开心不已。但贯穿始末的，是我们每时每刻感受到的团队协作的精神和力量。"弟子不必不如师，师不必贤于弟子"，古人的这句话真的十分有道理啊。

同时，在三次难得的七校聚首中，我们有机会感受到不同学校师生的文化气质。终期答辩中，我们又可以近距离接受业内知名专家、学者们的点评与指导。这极大地拓宽了我们的眼界，带给我们更多的思考，例如如何培养学生在未来走向工作实践的应用能力，我们怎样才能激发学生对城市规划一些实际问题深度探讨的兴趣，如何发现问题、分析问题并恰当地找到解决方法，并且能够触类旁通地应用到更多领域。

对于我们来说，本次实践是一次珍贵的旅程，非常幸运参与到京津冀联合毕业设计活动中，是我们学习宝贵经验的良好开始，期待未来更多的参与和收获！

郭佳茵　贾安强　王晓梦　王崇宇　周静怡
河北农业大学

学生感言

耿鹤：在此，我要借助这个平台来感谢这次联合毕设中那些对我生命中有意义的那些人们。首先，要感谢李老师和贾老师对设计的总体把控与大力支持；同时也要感谢李院长、广和老师、郝老师等的画龙点睛；然后还有四个指导老师的辛勤帮助；当然也落不下我们 Team 的辛苦付出，精诚合作。

但是设计过程不免迷茫与疲惫，不经意中，或许做得还不够好，我有时也会发脾气，但是也只是为了做好设计，望做得不好的地方，各位老师，Team 成员海涵。

最后，要着重感谢两个人，一个就是我师父——王崇宇，师父辛苦了。另一个就是我很多的灵感点来源——王冲，惹你生气的地方，对不起。感谢你们俩，因为有你，心生感激。

聂子峰：在大学生活的最后一个学期，我有幸参加了这次京津冀地区的联合毕业设计，并且第一次接触了城市设计这个综合性的课题。虽然这个过程伴随着迷茫和艰辛，但是在同学和老师们的帮助和指导下，我学习到了更多的知识，在不断地学习、实践、讨论和订正中获得了不一样的成长体验。至此，为五年的大学生活画下了一个特别的句点，同时也是未来专业生活的一个好的开始。对毕业生来说，此次由北京工业大学发起的第一届京津冀地区高校联合毕业设计无疑是一个充满正能量的活动，在茫然的毕业之际为学生打了一剂强心针，指导我们坚定踏实地做好现在，也做好未来的每一步；同时为学校之间的交流开辟了新的桥梁。在此，我祝愿联合毕业设计这个活动能够顺利地举办下去，而且愈加精彩！

王冲：非常荣幸能够有机会参加此次的京津冀七校联合毕业设计，它既是对我们五年本科学习的一次检验，同时也是未来学习生涯的一个起点。此次的毕业设计从前期调研、初步方案、中期汇报、方案深化到最后的汇报答辩经历了整整一个学期的时间，在这次毕业设计中，我深深地理解到了"过程很残忍，而结局很美好"这句话的真谛，我们为设计方案的形成付出了很多努力，同时也遇到了很多困难，但结局终究是美好的。另外，我也深深地感受到了来自团队合作的力量，我很幸运遇到了个性鲜明的队友，我们互相学习、共同进步；同时，我也感激遇到了尽心尽力的指导老师，协助我们解决一个又一个难题。总之，毕业设计让我又一次发现了自己，提高了自己，我希望我们的明天会更好，也希望联合毕设的明天会更好。

释题与设计构思

释题

针对此次毕业设计的题目：通州区张家湾镇萧太后河两岸城市设计，我们团队从以下两个方面对设计题目进行诠释和解读。

一、城市设计背景

本次设计课题选址在具有千年历史的通州区张家湾镇，古镇位于北京城市副中心南部，大运河古道西侧，萧太后河与凉水河交汇之处，与未来的北京环球影城隔六环相望，总用地面积约75公顷。张家湾古镇历史文化悠久，漕运历史贯穿始终，古镇因水而生，因漕而兴，因文而盛，由此也衍生出了多元的民俗文化，同时也为张家湾积淀了丰富的文化内涵，众多的文物古迹和传奇典故形成了张家湾独特的文化氛围。在北京城市副中心"千年大计"规划建设的宏观背景下，张家湾镇作为通州新城的重要组成部分，将在通州区运河文化产业带的建设中发挥关键性作用。此次规划的地段区位独特、三水环绕，古城遗址和码头皆位于此，是历史上与漕运关系最密切的地段。此次城市设计的目标在于从全局出发，结合《通州新城总体规划》、《张家湾镇总体规划》等上位规划，充分发掘古镇的历史文化资源，在合理利用的基础上，进行激活古镇活力、指导古镇建设的探索与尝试。

二、功能定位、规划目标与策略

古镇最大的魅力不在于现代都市的繁华与惊艳，而是深厚的文化底蕴与浓郁的生活气息，"历史文化"与"传统生活"本就应该成为该地块在区域中的特色所在。然而，在经济制约的条件下，历史的风化使得古镇容颜不再，延续千年的古镇是否应该重建成了一个设计师、游客、居民、政府甚至开发商都必须思考的问题，这也是解决基地现状文化衰落，特色消逝这一主要问题的突破口。我们通过对发展环境下的目标需求的综合考虑；对国际化趋势背景下的前瞻性思考；对国内旅游现状的梳理总结，以及对地区引力增强条件下的发展进行整体判断，并依托现状遗存以及丰富的水景资源，继而结合问题导向与目标导向提出以水兴城的激活策略。同时，借鉴成都太古里的成功经验，结合张家湾镇自身的历史文化内涵，提出通过"以现代诠释传统"的方式来实现古镇新荣，活力更生的目标愿景。

设计构思

方案题目：水脉漕都·海绵张湾　　设计者：耿　鹤　聂子峰　王　冲

千年漕运史为张家湾积淀了丰富的文化内涵，众多的文物古迹和传奇典故形成了张家湾独特的文化氛围。在北京城市副中心"千年大计"规划建设的宏观背景下，张家湾镇作为通州新城的重要组成部分，将在通州区运河文化产业带的建设中发挥关键性作用。此次规划的地段区位独特、三水环绕，古城遗址和码头皆位于此，是历史上与漕运关系最密切的地段。

针对张家湾的基本情况，本规划以"水脉漕都·海绵张湾"为题展开设计。首先，进行背景研究，通过现场调研、查阅资料，详细整理了现状情况，深入挖掘了历史文脉，结合《通州新城总体规划》、《张家湾镇总体规划》，可以得出如下结论：尽管张家湾镇现状文化失落、特色消逝、环境不堪、生态衰落，但其历史底蕴深厚，发展机遇独特，未来前景广阔。

其次，对发展环境下的目标需求进行综合考虑；对国际化趋势背景进行前瞻思考；对国内旅游现状进行梳理总结；对地区引力增强条件下的发展进行整体判断。继而结合问题导向与目标导向提出以水兴城的激活策略，同时把握"水、文、食、商"四大特质，依托现状遗存以及丰富的水景资源，打造以"漕运文化"为主题，以水系为激活点的"漕运小镇"。

最后，通过"融入区域整体结构，综合环境目标选择，用地权属功能演绎，衔接区域交通体系，自然人文社会禀赋，以点带面开发模式"六个方面的推演，形成了促进发展利益共荣的空间设计蓝图并制定了统筹多方参与的务实开发计划，以此来达到绿色生态、产业升级的目标，实现古镇新荣，活力更生的愿景。

京津冀

2017 年城乡规划专业京津冀高校 "X+1" 联合毕业设计作品集
2017 BEIJING-TIANJIN-HEBEI UNIVERSITIES JOINT GRADUATION PROJECT OF URBAN PLANNING & DESIGN

水脉漕都
海绵张湾

乡愁记忆
nostalgia memory
nostalgia memory
nostalgia memory

文化复兴
cultural revitalization

遗产 heritage

LIFE

reason
reason
理性 reason
理性 reason
理性 reason

event planning
活动策划

event planning

活力
vitality
vitality
vitality   生态
vitality   ecology
vitality

脉络 context

社区文化 community culture
community culture
community culture

体验 experience
experience

生态
ecology
ecology

遗产 heritage
peaceful 平和 peaceful

开放
originality 创意

open
open
open

share
share 共享 share

art
art
art
平和 peaceful   art

艺术

Background Cognition
基于项目背景认知的目标价值理解

+ 区位认知

· 张家湾古镇位于北京东南部

· 地处通州中心要位，东六环路以外，京沈高速路北侧

· 紧邻张家湾镇政府

· 地理位置十分优越

+ 交通条件

· 2h 交通辐射圈

论交通区位，车程在 2.5h 内是周边游相对适宜的标准，古镇 2h 交通辐射圈辐射京津冀大部分地区，交通区位优势明显。

· 30mins 紧密联系区

基地与通州中心城区、首都机场、河北三县、天津、武清等有便捷直接联系。

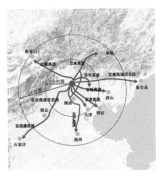
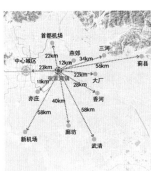

+ 解读上位

通州新城总体规划对张家湾的总体定位为以古镇旅游为主的片区；

总规中张家湾西承环球影城主题乐园，东接高新科支产业园——文化创意板块；

一带一轴串接三者，地块设计充分承接上位格局。

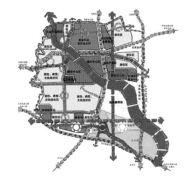

+ 历史文脉

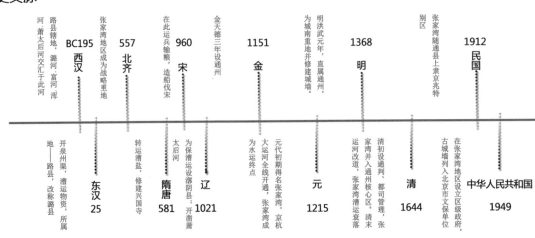

路县辖地，潞河、富河、浑河、萧太后河交汇于此河	BC195 西汉	557 北齐 张家湾地区成为战略重地	在此运兵输粮，造船伐宋 960 宋	金天德三年设通州 1151 金	明洪武元年，直属通州，为城南重地并修建城墙。 1368 明	张家湾随通县上隶京兆特别区 1912 民国
地——路县，改称潞县 开泉州集，漕运物资，所属 东汉 25		转运漕盐，修建兴国寺 隋唐 581	为保漕运设漷阴县，开凿萧太后河 辽 1021	大运河全线开通，张家湾成为水运终点 元代初期得名张家湾，京杭 元 1215	运河改道，张家湾漕运衰落 清初设通判、都司管理，清末 清 1644	古城墙列入北京市文保单位 在张家湾地区设立区级政府，中华人民共和国 1949

Determine Individual Needs
综合发展环境下的目标需求判断

+ 国际化趋势背景下的前瞻考量

城市文化形象轴

张湾需要建立多元文化设施与空间以塑造时代城市形象

文化空间形象

18世纪　　19世纪　　20世纪　　21世纪　　城市时间发展轴

水脉漕都
海绵张湾

乡愁记忆
nostalgia memory

文化复兴
cultural revitalization

遗产 heritage

LIFE

reason
理性 reason

event planning
活动策划

活力
vitality

生态
ecology

脉络 context

社区文化 community culture

体验 experience

生态
ecology

遗产 heritage

peaceful 平和 peaceful

开放
originality 创意
open

共享 share

艺术 art

01 引入多样的文化艺术设施

借鉴国内外成功案例经验,在张家湾地区引入适应时代发展的、融入张家湾文化内涵的当代文化艺术设施,如红学文化馆、张家湾博物馆等,通过空间集聚培育文化艺术氛围,产生影响力。

02 融入现代元素的文化体验

富有深厚历史文化特色的张家湾古镇,是宋庄艺术家创作的理想地点。鼓励并吸引艺术家、建筑师、传媒机构来为地块进行雕塑设计,打造建筑、街道、景观、雕塑一体化现代文化体验体系。

+ 国内旅游状况下的文旅思索

游客源所在地分布

· 反思北京的需求,发现北京对发展体验型、感受型旅游需求很大。

游客年龄层分布

20~30岁
35.00%

20岁以下
3.16%

50岁以上
12.63%

100%

30~40岁
31.32%

40~50岁
17.89%

· 反思主要旅游人群,应以有一定经济实力并保留外出旅行需求的20~40岁人群为主,设计应围绕这部分人群的兴趣需求展开。

游客性别分布

68.84%　　31.16%

· 针对男性较为喜动,女性相对次之的特点,相应的为其设置符合不同需求的旅游项目与体验场所。

喜欢的项目分类

徒步	深度游	摄影
31.57%	24.80%	17.32%

滑雪	越野自驾	露营	水上运动	山岩攀冰 1.90%
9.45%	6.24%	5.12%	2.59%	培训 1.01%

· 反思旅游人群对走马观花式的旅游好感度低,更喜欢深入其中,感官充实的体验的情况。故设计要注重环境的新颖、充实与景观的可参与性。

长线、短线旅行需求比

短线需求占比 81.37%　16.63% 长线需求占比

· 顺应旅游人群的时间需求,地块周边游辐射整个京津冀,设计应充分考虑京津冀人口的喜好与需求。

淡旺季人次分布

18.24%　7.53%　5.06%　16.74%　24.36%　28.07%

1月　2月　3月　4月　5月　6月

· 4~10月仍是主要的旅游旺季,应充分考虑期间的植物配比与景观效果和淡旺季的运营模式处理。

京 津 冀

2017 年城乡规划专业京津冀高校 "X+1" 联合毕业设计作品集
2017 BEIJING-TIANJIN-HEBEI UNIVERSITIES JOINT GRADUATION PROJECT OF URBAN PLANNING & DESIGN

水脉漕都

海绵张湾

乡愁记忆
nostalgia memory

文化复兴
cultural revitalization

遗产 heritage

LIFE

理性 reason
event planning
活动策划

活力
vitality

生态
ecology

遗产 heritage

平和 peaceful

开放
originality 创意

open

共享 share

平和 peaceful

艺术 art

+ 地区引力增强条件下的发展判断

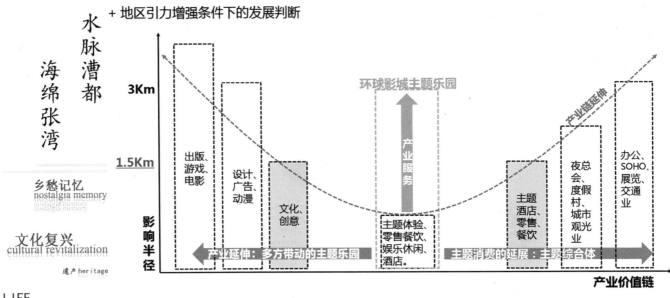

01 打造体验型旅游度假服务品牌

滨水养生型度假服务——发掘地缘特征和资源稀缺性，发展有别于单一过夜型酒店的旅游度假经济产品，将漕运古镇的足疗特色与现代滨水 SPA、理疗按摩、养心康体相结合，打造以文化与水景为卖点的特色品牌。

02 增补主题型生活消费项目

低密度体验式购物公园——不同于城市中心大型封闭 MALL，而是依托水街与户外环境相结合，创造带有休闲、观赏、旅游等综合性质的低密度消费场所，让人们以放松的心态在包含传统文化与自然的环境中享受现代时尚生活。

+ 串接极轴发展

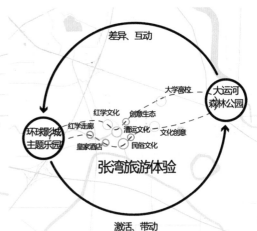

BEFOR

AFTER

+ 目标人群分类

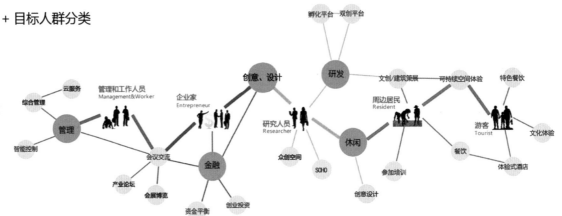

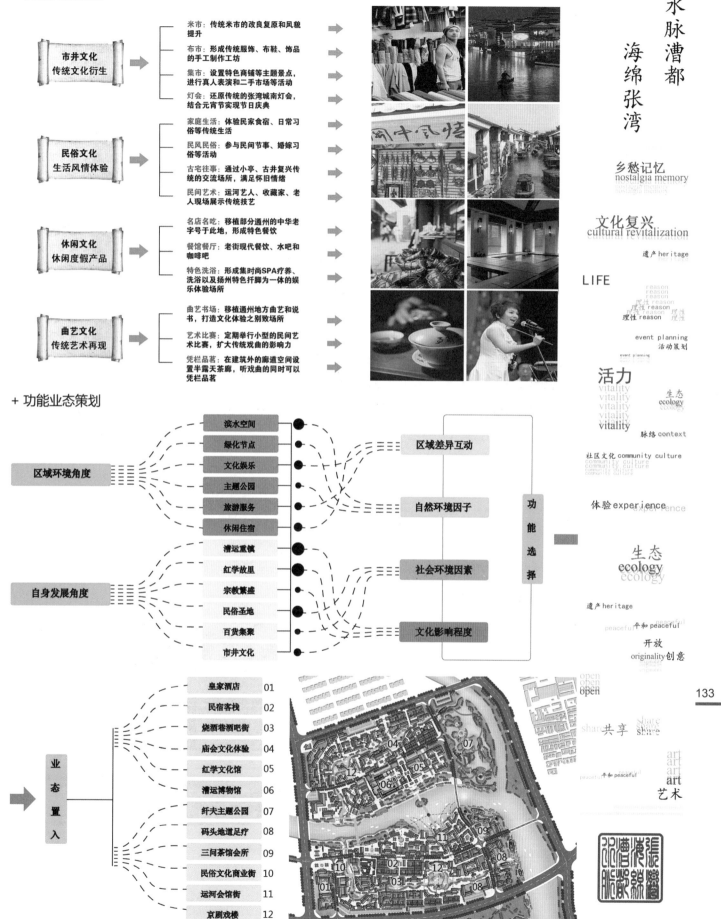

+ 文化内涵挖掘

市井文化 传统文化衍生
- 米市：传统米市的改良复原和风貌提升
- 布市：形成传统服饰、布鞋、饰品的手工制作工坊
- 集市：设置特色商铺等主题景点，进行真人表演和二手市场等活动
- 灯会：还原传统的张湾城南灯会，结合元宵节实现节日庆典

民俗文化 生活风情体验
- 家庭生活：体验民家食宿、日常习俗等传统生活
- 民风民俗：参与民间节事、婚嫁习俗等活动
- 古宅往事：通过小亭、古井复兴传统的交流场所，满足怀旧情绪
- 民间艺术：运河艺人、收藏家、老人现场展示传统技艺

休闲文化 休闲度假产品
- 名店名吃：移植部分通州的中华老字号于此地，形成特色餐饮
- 餐馆餐厅：老街现代餐饮、水吧和咖啡吧
- 特色洗浴：形成集时尚SPA疗养、洗浴以及扬州特色扦脚为一体的娱乐体验场所

曲艺文化 传统艺术再现
- 曲艺书场：移植通州地方曲艺和说书，打造文化体验之别致场所
- 艺术比赛：定期举行小型的民间艺术比赛，扩大传统戏曲的影响力
- 凭栏品茗：在建筑外的廊道空间设置半露天茶廊，听戏曲的同时可以凭栏品茗

+ 功能业态策划

区域环境角度
- 滨水空间
- 绿化节点
- 文化娱乐
- 主题公园
- 旅游服务
- 休闲住宿

自身发展角度
- 漕运重镇
- 红学故里
- 宗教繁盛
- 民俗圣地
- 百货集聚
- 市井文化

- 区域差异互动
- 自然环境因子
- 社会环境因素
- 文化影响程度

功能选择

业态置入
- 皇家酒店 01
- 民宿客栈 02
- 烧酒巷酒吧街 03
- 庙会文化体验 04
- 红学文化馆 05
- 漕运博物馆 06
- 纤夫主题公园 07
- 码头地道足疗 08
- 三闾茶馆会所 09
- 民俗文化商业街 10
- 运河会馆街 11
- 京剧戏楼 12

河北农业大学

水脉漕都 海绵张湾

乡愁记忆 nostalgia memory
文化复兴 cultural revitalization
遗产 heritage
LIFE
理性 reason
event planning 活动策划
活力 vitality
生态 ecology
脉络 context
社区文化 community culture
体验 experience
生态 ecology
遗产 heritage
平和 peaceful
开放 originality创意
open
共享 share
art 艺术

133

京 津 冀

2017 年城乡规划专业京津冀高校 "X+1" 联合毕业设计作品集
2017 BEIJING-TIANJIN-HEBEI UNIVERSITIES JOINT GRADUATION PROJECT OF URBAN PLANNING & DESIGN

水脉漕都

海绵张湾

乡愁记忆
nostalgia memory

文化复兴
cultural revitalization

遗产 heritage

LIFE

理性 reason

event planning
活动策划

活力
vitality

生态
ecology

脉络 context

社区文化 community culture

体验 experience

生态
ecology

遗产 heritage

平和 peaceful

开放
originality 创意

open

share 共享

art

艺术

平和 peaceful

Target Strategy Research
考量环境供给条件的目标策略研究

+ 现状文化形象空间特征

北侧空地

Town Wall
Tongyun Bridge

Mosque

通运桥 + 城楼

清真寺

+ 现状建筑质量

现状建筑质量:
除清真寺、通运桥、古城楼、小学以外,大部分建筑质量较差。

现状建筑层数:
现状建筑大部分为一层建筑,少量商业建筑为二、三层。

文化建筑遗存:
基地内除市级文保单位张湾古城墙遗址和通运桥、清真寺以外,无具有保护价值的建筑。

+ 现状建筑层数

现状建筑利用:
现状商业建筑主要沿东西向张梁路、南北向厂路分布,张梁路南侧有一清真寺,基地北侧有一小学,西侧、东侧零散分布部分工厂,其余建筑均为村民住宅。

现状道路交通:
基地内部道路杂乱无章,村民私占道路现象严重。

建筑风貌   水系现状   坑塘利用

+ 现状建筑业态   + 现状道路交通   + 现状土地利用   + 现状建筑评价

School

+ 原住民生活习惯分析

原住民

宗教活动   寺坊模式

商业活动   依坊面商

居住活动   家族聚居

宗

商

居

物质文化:回坊居民环绕清真寺活动,空间上形成了以清真寺占据主体位置的空间形态,清真寺相比民居来说体量较大。

非物质文化:张家湾镇回族占多数,仍然保持着传统的生活习惯,虔诚的穆斯林每天有次礼拜。

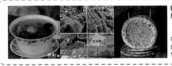

物质文化:回坊居民的居住院落沿街伸展,形成"依坊面商"的经商模式。

非物质文化:回坊沿街一般是底层经商,商业业态主要是以传统美食为主,形成特色美食街。

物质文化:回族居住呈院落形式,属于老北京合院式建筑风格,传统建筑为1~2层,院落空间宜人,几代居住在一起,有一定的私密性。

非物质文化:传统的回民居住形式是几代人居住在一起,院落有几进,一进代住一代人。

体验 experience

遗产 heritage

理性 reason

文化复兴
cultural revitalization

平和 peaceful   share 共享 share

脉络 context

乡愁记忆
nostalgia memory

社区文化 community culture

LIFE

event planning
活动策划

生态
ecology

open
开放
originality 创意

遗产 heritage

open
开放

活力
vitality

art
艺术

Activate Strategy
结合问题导向与目标导向的激活策略

+ 城镇资源环境下的方向选择

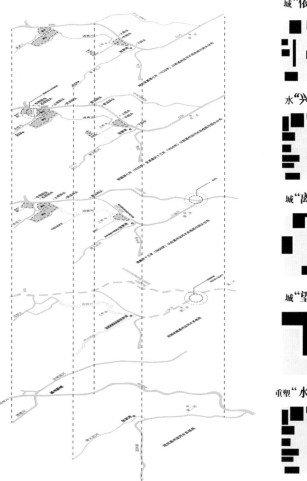

城"依"水

水"兴"城

城"离"水

城"望"水

重塑"水之城"

+ 选取最低标高点范围 15.11～18.71 m

+ 选取较低标高点范围 19.05～20.03m

+ 以点带面，依势引水

+ 串接坑塘，天然成凤。

+GIS 分析验证

水脉漕都
海绵张湾

乡愁记忆
nostalgia memory

文化复兴
cultural revitalization

遗产 heritage

LIFE

reason
reason
理性 reason
理性 reason

event planning
活动策划
event planning

活力
vitality
vitality
vitality
vitality
vitality

生态
ecology

脉络 context

社区文化 community culture
community culture
community culture

体验experience

生态
ecology
ecology

遗产 heritage

平和 peaceful

开放
originality创意

open
open

共享 share

平和 peaceful

art
art
art

艺术

+ 滨水空间活力密度分析

· 过去对张湾水岸环境的处理，主要是通过水坝与堤岸加以封闭式管理，沿河水岸线单调，滨水空间乏味，亲水性不足。

· 认识地块水系的空间联系作用与水岸环境价值，借对水岸环境的改造与业态置入，提高公共活动吸引力，促进传统沿河的"线形岸线"向支流＋"曲线岸线"转变，拓展一线滨水空间范围；同时引入支流与湿地景观环境，丰富水岸形式变化，让人们有机会走近水岸，走近湖中，营造可伸缩的、能进能出的滨水环境体验。

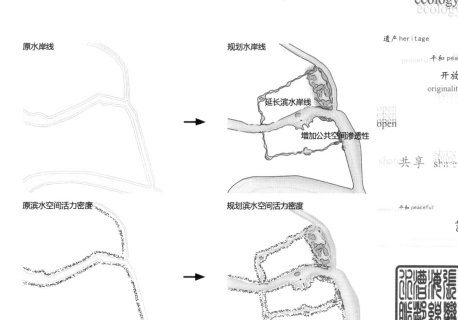

原水岸线

规划水岸线

延长滨水岸线

增加公共空间渗透性

原滨水空间活力密度

规划滨水空间活力密度

135

水脉漕都
海绵张湾

+ 水岸线规划

乡愁记忆
nostalgia memory

文化复兴
cultural revitalization

遗产 heritage

LIFE

理性 reason

event planning
活动策划

活力
vitality

生态
ecology

脉络 context

社区文化 community culture

体验 experience

+ 水岸线剖面形式

NATURE SECTION

自然缓坡式

游步道　自然草坡

URBAN SECTION

分层式

游步道　活动平台

挑台式

游步道　平台观景区

MIXED SECTION

自然台阶式

游步道　台阶步道

栈道式

游步道　自然草坡　栈道游憩区

码头式

游步道　平台休息区　码头

生态
ecology

+ 水系规划展示

遗产 heritage

平和 peaceful

开放
originality 创意

open

share 共享

art
艺术

· 水系布局为两条主流水道，水道与自然水系直接连接，水系死角很少，有利于水循环，保证水量。

· 水系结合地势，皆位于两地块中部，方便平时雨水的就近收集。

· 水道上下游设置湿地系统净化水质，降低流速。

· 水体宽度较宽，平均 8~15m，局部加宽蓄水，旨在打造可持续的生态堤岸。

· 综上，其整体的运营与管理成本较低，且对水体、水质、水量有保障。

水脉漕都
海绵张湾

乡愁记忆
nostalgia memory

文化复兴
cultural revitalization

遗产 heritage

LIFE

理性 reason

event planning
活动策划
event planning

活力
vitality

生态
ecology

脉络 context

社区文化 community culture

体验 experience

生态
ecology

遗产 heritage

平和 peaceful

开放
originality 创意

open

+ 凤凰水系常规水位

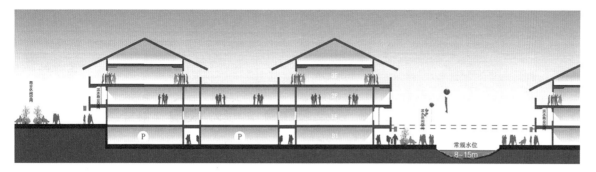

+ 凤凰水系雨洪水位——自然与人工并重,雨洪时,关闭水闸,利用蓄水池与市政管道保证水街水位正常

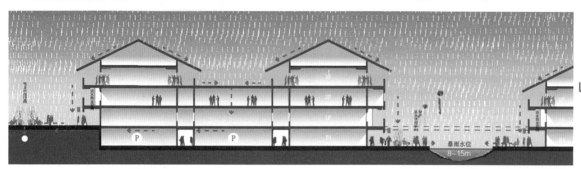

Space Design
促进发展利益共荣的空间设计蓝图

+ 功能结构推演

+ 融于区域整体结构

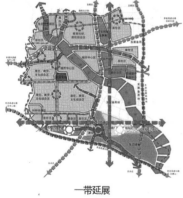

一带延展

+ 综合环境目标选择

双翼辉映

+ 用地权属功能演绎

一城两岸

+ 衔接区域交通体系

功能串接

+ 自然人文社会禀赋

组团细化

+ 以点带面开发模式

一带两翼多节点

共享 share

平和 peaceful

art
艺术

水脉漕都

海绵张湾

乡愁记忆
nostalgia memory
nostalgia memory
nostalgia memory

文化复兴
cultural revitalization

遗产 heritage

LIFE

reason
reason
reason
理性 reason
理性 reason 理性

event planning
活动策划

event planning

活力
vitality
生态 vitality
ecology vitality
脉络 context vitality
vitality

社区文化 community culture
community culture
community support

体验 experience

生态
ecology
ecology

遗产 heritage

平和 peaceful

开放
originality 创意

open
open
open

share
共享 share
share

art
art
art
平和 peaceful
art
艺术

+ 功能混合开发

R　　BEFORE ····> AFTER

前院后娱
此模式适用于烧酒巷

前院后店
此模式适用于公园体验
式商业

前店后住
此模式适用于回民街

前展后店
此模式适用于文化体验

+ 城市风貌控制

城市风貌空间结构：
一带、两翼、多节点

一带：
滨河漕运景观带

两翼：
红学文化体验区；民
俗文化体验区

多节点：漕运码头、漕
运纪念广场、民俗文
化湖、红学文化广场

+ 建筑风貌控制

· 建筑整体规划和
控制中充分体现现
代性和时代感。

· 方案参考成都太
古里的设计理念，
以现代诠释传统，
同时融入张湾传统
特色，体现现代时
尚精神。

+ 建筑高度控制

基于透视线阶梯控高方法，依据游客视点与清真寺院墙连线形成的视线控制基地
内的建筑高度，使天际线呈现阶梯状递增的趋势。

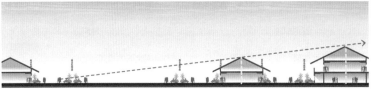

基于历史风貌建筑绝对高度控制方法，基地内的城楼现状高度为 6 m，规划萧太
后河两岸 30 m 范围内及湿地公园内建筑限高为 6 m，基地其他范围建筑限高为
12 m。

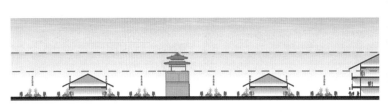

+ 交通布局策略

+ 车行交通系统

· 外环的城市主次干道可以满足机动车通行需求，禁止过境车辆穿行。

· 内部道路主要服务于度假车辆、摆渡车以及紧急消防车。

· 除公建、酒店等建筑在内部配置停车，其余停车尽量在外环解决。

+ 步行交通系统

核心步行道：沿萧太后河布置，直接联系主要出入口。

主要步行道：水街与十里街串接整个地块核心节点。

次要步行道：以水街与十里街进行鱼骨式布置。

滨水步行道：衔接区域整体绿道系统。

+ 地下空间系统

地下停车系统与地下商业建筑相贯通，方便停车后直接进入体验空间。

+ 公共交通系统

· 分析北京周末度假人流及环球影城旅游人流方向，在主要人行出入口和酒店处设置公交停靠站和社会停车场。

· 分析河北、天津人流来向，对应设置大巴停车场和人行出入口。

+ 建设时序

步骤一：
承接上位规划，优先启动拓宽河道工作，区域防洪，同时开展沿河水系的景观环境治理工作，形成地块的形象品质载体。

步骤二：
建设片区的主要道路系统，划定开发的基本格局，同步完善相关市政管线设施。

步骤三：
建设公共滨水岸线，作为张家湾古镇品牌的价值宣传窗口，包括沿河两岸和湿地公园。

步骤四：
张家湾博物馆和运河会馆街等项目启动，形成沿萧太后河滨水公共带，提高张家湾的社会认知度，也将巩固提升预留开发地块的开发价值。

步骤五：
利用北侧空地，建设红学文化体验和滨水商业街，北侧形成完整的文化体验、创意生态、特色商业、精品民宿酒店等旅游体系。

步骤六：
回迁部分原住居民，培训后参与古镇经营。以清真文化体验、特色水街体验为核心，建设完善的服务设施，形成张湾整体文化旅游系统。

水脉漕都
海绵张湾

乡愁记忆
nostalgia memory

文化复兴
cultural revitalization

遗产 heritage

LIFE

reason
理性 reason
理性 reason
理性 reason

event planning
活动策划

活力
vitality

生态
ecology

脉络 context

社区文化 community culture

体验 experience

生态
ecology

遗产 heritage

平和 peaceful

开放
originality 创意

open

共享 share

art
艺术

+ 步行街

+ 主干道

+ 支路

+ 水街

+ 次干道

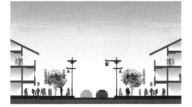

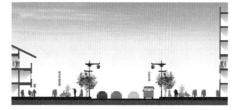

京 津 冀

2017 年城乡规划专业京津冀高校 "X+1" 联合毕业设计作品集
2017 BEIJING-TIANJIN-HEBEI UNIVERSITIES JOINT GRADUATION PROJECT OF URBAN PLANNING & DESIGN

+ 设计理念应用

+ 生态草坪
+ 生态树池
+ 透水铺装
+ 内河水闸
+ 立体绿化
+ 市政管线

+ 蓄水箱
+ 湿地系统
+ 植物缓坡
+ 雨水收集
+ 生态蓄水
+ 屋顶绿化

生态停车场地

生态树池

下凹式绿地

收集雨水利用景观用水

绿色屋顶净化径流

街边生态滞留区域

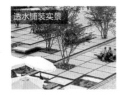
透水铺装实景

用卵石减缓流速

人工湿地

+ 空间形式的传承与衍生

1. 传统合院

     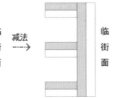

临街 → 临街成街面 → 临街面 减法 → 临街面

2. 传统合院

临街 → 墙门临街面 → 临街面 加法 → 临街面

3. 传统合院

临街 → 墙门临街面 → 临街面 随街 → 临街面

+ 总平面图

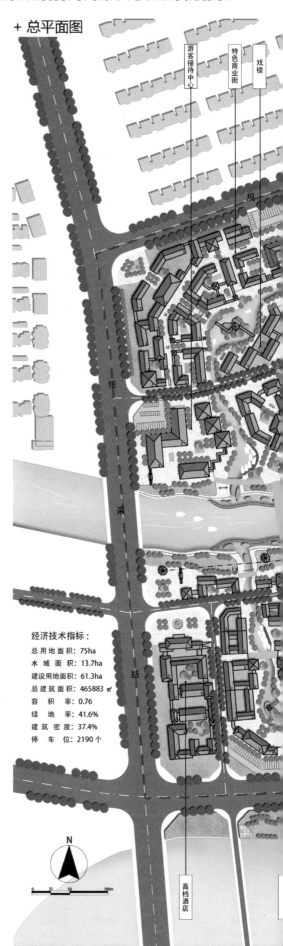

游客接待中心
特色商业街
戏楼
规
张
采
路

经济技术指标：
总用地面积: 75ha
水域面积: 13.7ha
建设用地面积: 61.3ha
总建筑面积: 465883 m²
容积率: 0.76
绿地率: 41.6%
建筑密度: 37.4%
停车位: 2190 个

N

0 25 50   100m

高档酒店

戏楼
漕运客栈
私房菜馆
漕运博物馆
特色民宿
民俗展示馆
手工作坊
湿地公园

规
划
路

规

划

路

民俗体验街
清真寺
回民街
运河会馆街
戏院
漕运码头
温泉会馆
足疗会馆

京 津 冀

2017 年城乡规划专业京津冀高校 "X+1" 联合毕业设计作品集
2017 BEIJING-TIANJIN-HEBEI UNIVERSITIES JOINT GRADUATION PROJECT OF URBAN PLANNING & DESIGN

水脉漕都

海绵张湾

乡愁记忆
nostalgia memory

文化复兴
cultural revitalization

遗产 heritage

LIFE

理性 reason
reason

event planning
活动策划

活力
vitality
vitality

生态
ecology

脉络 context

社区文化 community culture

体验 experience

生态
ecology

遗产 heritage

平和 peaceful

开放
originality 创意

open

share 共享

平和 peaceful

艺术
art

+ 旅游游览策略

+ 游客来向分析

· 研究区域交通,分析人流来向,细分旅游人群。

· 针对跟团、自驾、商旅、背包客四种不同的旅游人群,针对其相应的人流来向,设置接待、酒店、停车场所。

+ 游览路线设计

针对游客游玩心理,规划回字形旅游路线,串接各个旅游景点,形成两个回环,对应精品游与深度游,彼此衔接而不重复。

1. 沿河回环旅游路线

2. 沿凤凰水系回环旅游路线

+ 礼拜路线规划

礼拜路线的设计与清真文化体验区相结合;
同时将礼拜路线与安置小区尽可能直接联系,又不与旅游线、工作路线形成大的冲突。

+ 水上游览航线

水上游览路线分内外两条航线:

区域游览路线,主要观赏萧太后河两岸景观风貌,并沿河设置了漕运码头。

内部游览路线,主要体验丰富的水街空间,形成水街水上与岸上、水上与廊上、岸上与台上多种空间对话的空间体验。

+ 公共空间系统

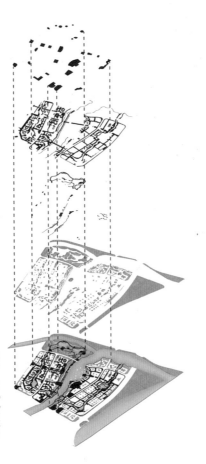

+ 广场系统

+ 街道系统

+ 滨水空间

+ 绿地系统

公共空间系统

充分考虑将步行系统与公园、广场、街头绿地、滨水空间等相连,提高使用率。"步行系统",本身是公共空间,是一种"流动的景观",也是吸引物本身。充分考虑与艺术装置、展览的结合,形成流动的公共空间系统。

+ 绿地系统规划

第三级
基地边界临城市道路的防护绿地

第二级
基地内部的庭院绿地及沿凤凰水系的绿地

第一级
萧太后河、玉带河两侧滨河绿地及湿地公园

水系

绿地系统

· 可持续的生态环境系统:绿地系统的规划强调形成有利于游客使用的格局和分类。

· 对于绿地的分类,本次规划强调利用乡土植物,体现地域特色。

142

+ 节点效果

沿循历史风貌的天际线控制手段形成的错落有致
的立面空间效果。

+ 水街

+ 水街凤凰湖

+ 新桥古桥轴线上城楼效果

+ 张湾博物馆

+ 一带两岸上北岸遗址公园效果

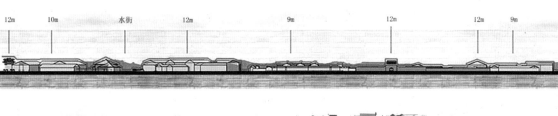

+ 天际线效果展示

水脉漕都
海绵张湾

乡愁记忆
nostalgia memory

文化复兴
cultural revitalization

遗产 heritage

LIFE

reason
reason
reason
理性 reason
理性 reason 理性
理性 reason 理性

event planning
活动策划
event planning

活力
vitality
vitality
vitality
vitality

生态
ecology

脉络 context

社区文化 community culture
community culture
community culture
community culture

体验 experience

生态
ecology
ecology

遗产 heritage

平和 peaceful

开放
originality 创意

open
open
open

share
共享 share
share

art
art
art
平和 peaceful   艺术

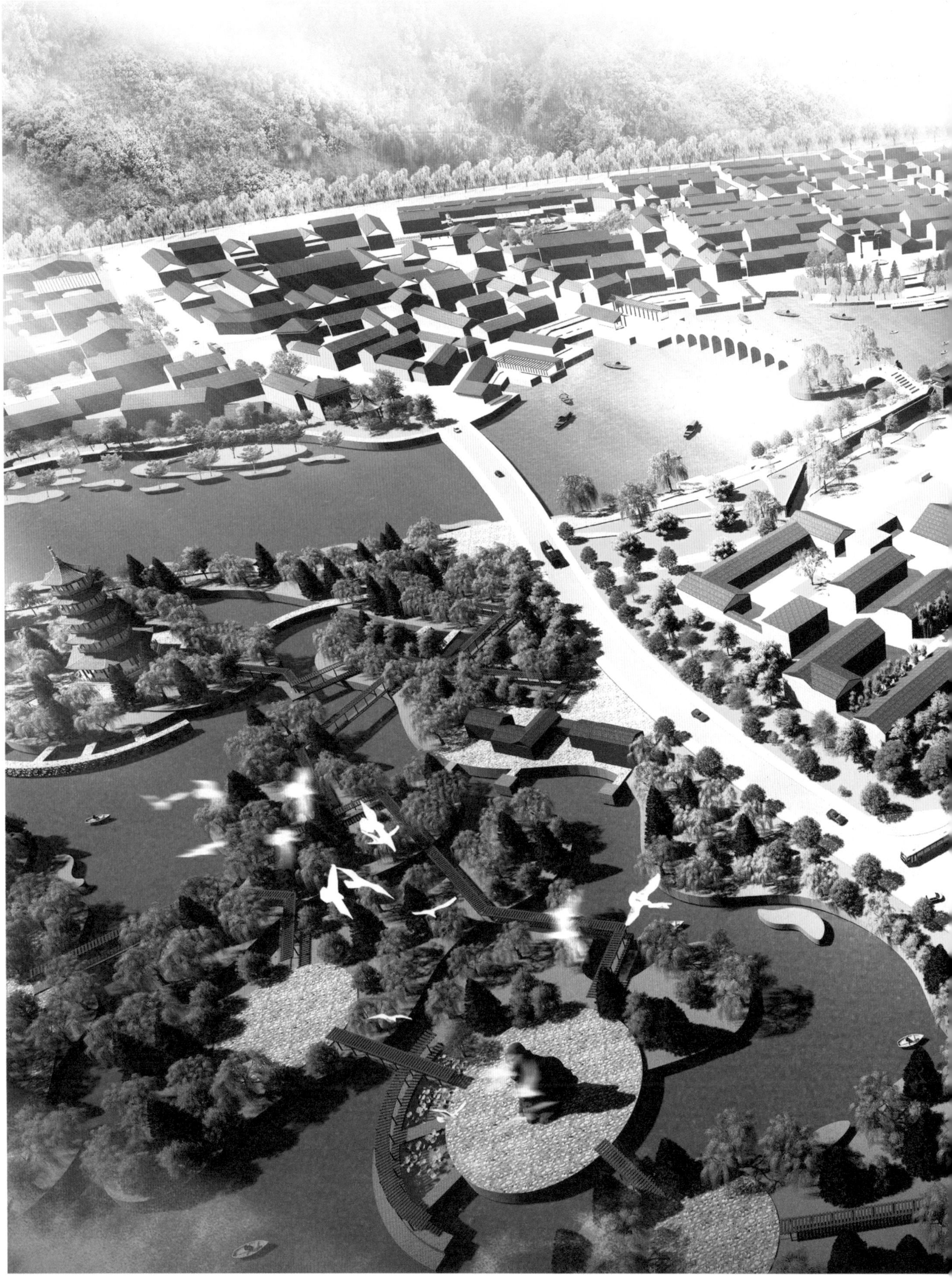

蕭太后河石板橋
京東生產漕糧州郡
碼頭漕運平等地
與好學業合同途

2017/01/08 北京工业大学·北京

- 由北京工业大学建筑与城市规划学院发起京津冀联合毕业设计
- 教学准备会

2017/03/03 北京工业大学·北京

- 开题报告会
- 邀请北京规划院工程师介绍项目概况
- 现场踏勘

2017/04/14 北京林业大学·北京

- 中期成果交流
- 出席专家：耿宏兵、王向荣、武凤文、孔俊婷、贾安强、梁玮男、兰旭 等
- 补充调研

2017/05/26 北京工业大学·北京

- 最终成果交流
- 出席专家：施卫良、耿宏兵、李伟、吕海虹、邢宗海、张洪、佘高红、唐燕 等
- 京津冀联合毕业设计展

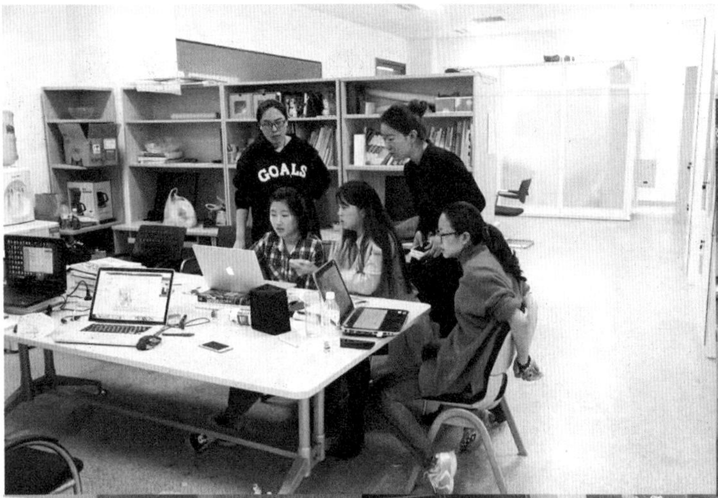

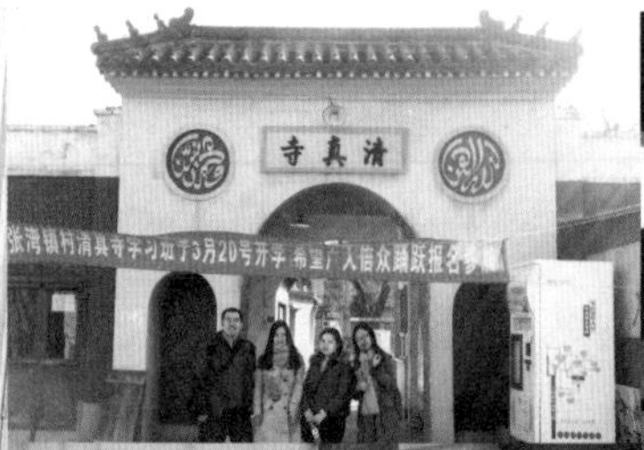
清真寺

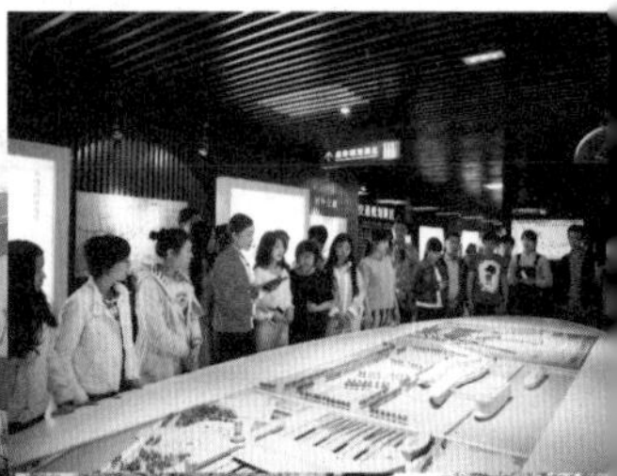

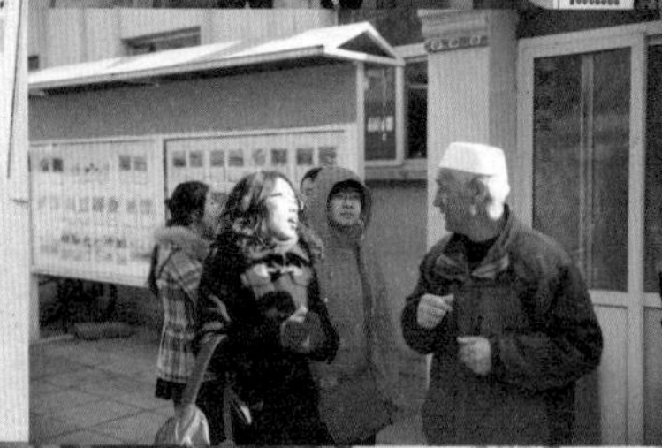

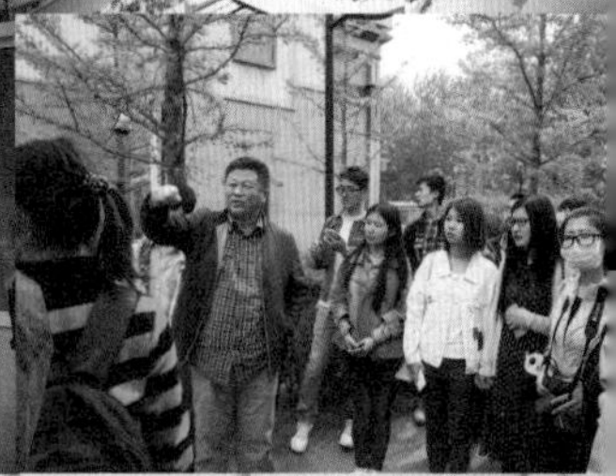

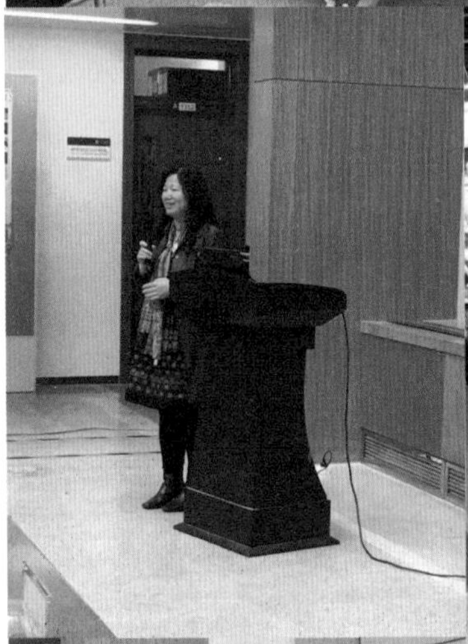

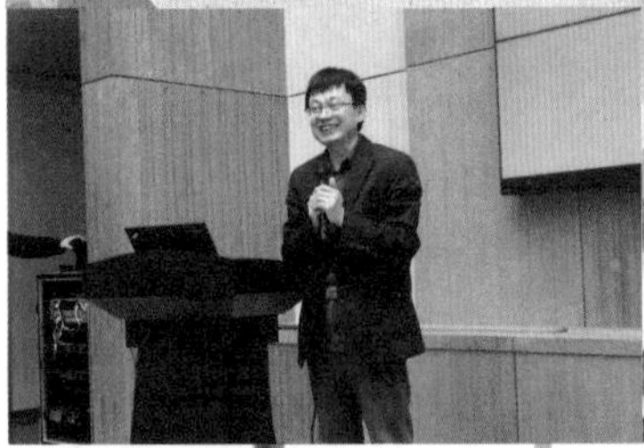

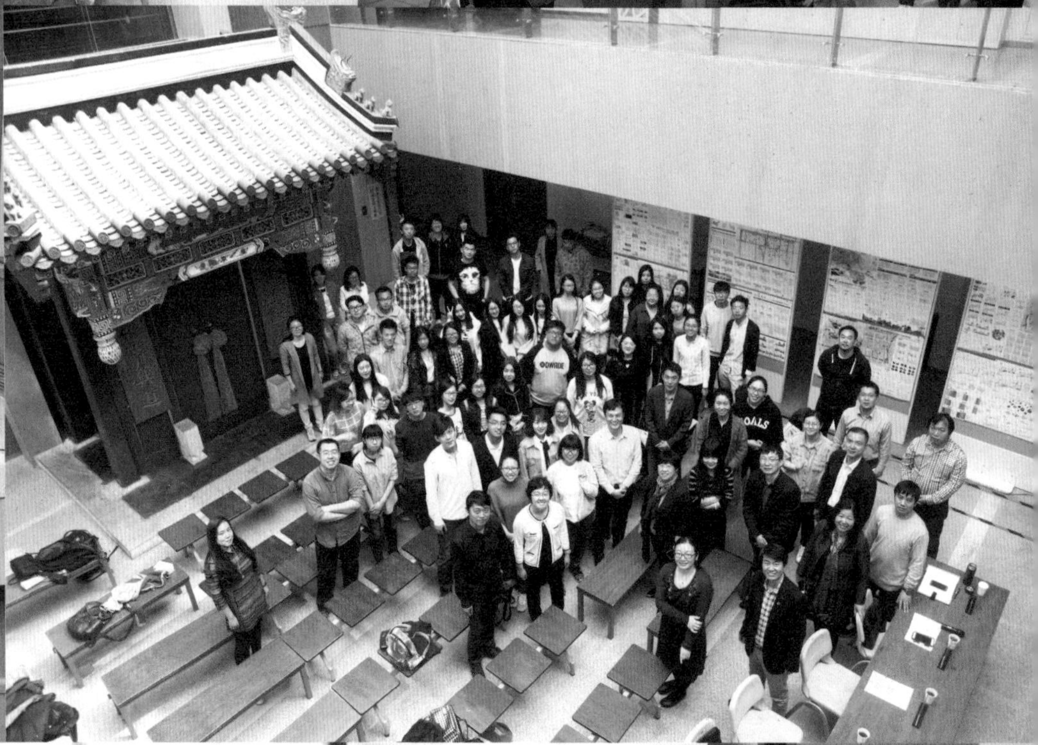

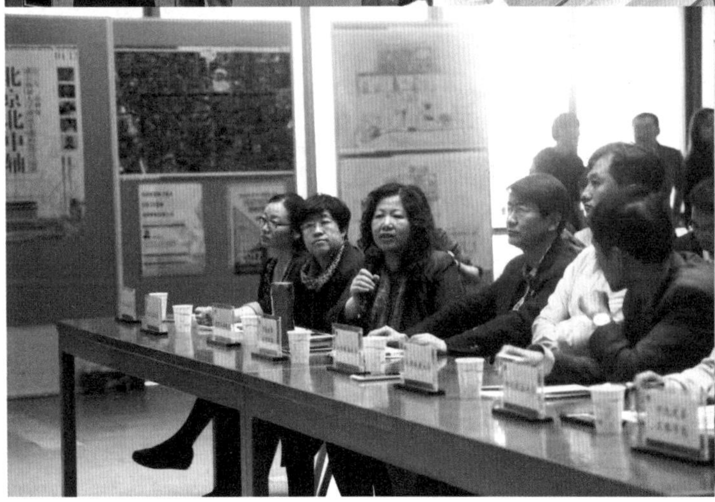

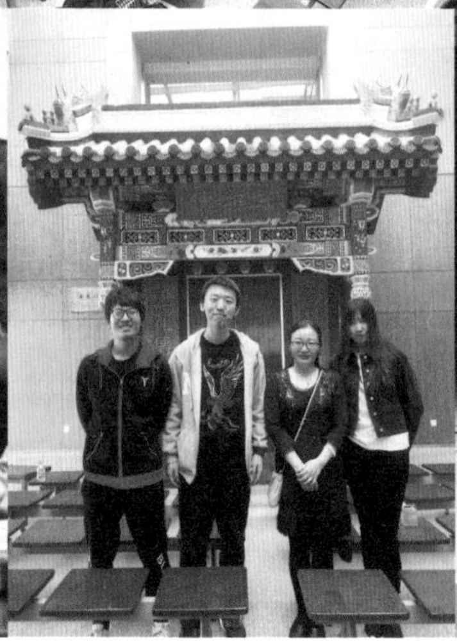

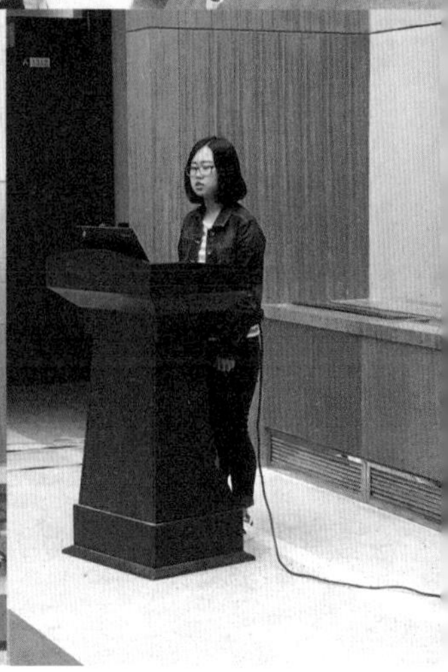

后 记

    首届城乡规划专业京津冀"X+1"联合毕业设计踏过寒冬,送别暖春,终于在艳阳高照的盛夏迎来了成果付梓。回望过去的200多个日夜,作为主办方的我们不曾忘记启动会上各校师生的殷切期盼,不曾忘记评图会上同学们创意无限的方案设计,亦不曾忘记终期答辩会上各位专家的谆谆教导。是你们的支持,让我们的努力更有意义;是你们的参与,让我们的付出满是欣慰,是你们的点评,为我们的活动画龙点睛。

    在中国城市规划学会的学术支持与北京市城市规划设计研究院的技术支持下,北京工业大学、北京林业大学、北方工业大学、河北工业大学、天津城建大学、河北建筑工程学院和河北农业大学七所高校的城乡规划专业学生于今年初齐聚北京,以"城乡双修,活力再塑"为主题,选取通州区张家湾镇萧太后河两岸为设计场地开展实地调研。基于文献挖掘、上位规划解读、方案策划、专题研讨等环节,历时数月完成了各具特色的设计方案,在圆满收官本科学业的同时,也为京津冀协同发展和北京城市副中心建设贡献了自己的力量。

    京津冀三地人脉相亲、地脉相接、文脉相通,自元代以来便是京畿重地。然而,地缘上的接壤却无法掩盖社会发展上的断层。环京津贫困带的长期存在令国人担忧,更令人感到不安的则是教育资源分配的严重失衡与人才培养平台的显著匮乏。作为全国首个明确响应京津冀协同发展战略的高校教学联盟,本次毕业设计不仅为七校师生搭建了合作交流、互学共鉴的平台,也为加强京津冀三地教育资源共享、推动人才培养模式创新提供了试验场地。从这个意义上来说,联合毕业设计的价值远不止于专业层面。

    最后,再次感谢中国城市规划学会的大力支持!感谢北京市城市规划设计研究院的全程协助!感谢施卫良、耿宏兵、李伟、吕海虹、邢宗海、张洪、唐燕、佘高红8位评委的精彩点评!感谢参与联合毕业设计的七校师生!感谢为联合毕业设计付出辛劳的北京工业大学建筑与城市规划学院的全体师生!

    雄关漫道真如铁,而今迈步从头越。是结束,也是开始;是收获,也是播种。预祝京津冀"X+1"联合毕业设计越办越好!来年再见!

北京工业大学建筑与城市规划学院　2017 城乡规划专业京津冀"X+1"

联合毕业设计指导教师组

戴　俭　杨昌鸣　陈　喆　武凤文　胡智超　齐　羚

2017 年 7 月